图解电网安全生产
严重违章及典型案例

国网吉林省电力有限公司　编

中国电力出版社
CHINA ELECTRIC POWER PRESS

图书在版编目（CIP）数据

图解电网安全生产严重违章及典型案例 / 国网吉林省电力有限公司编 . — 北京：中国电力出版社，2022.11（2023.11重印）

ISBN 978-7-5198-7306-6

Ⅰ . ①图… Ⅱ . ①国… Ⅲ . ①电力工业—违章作业—案例—图解 Ⅳ . ① TM08-64

中国版本图书馆 CIP 数据核字（2022）第 232262 号

出版发行：中国电力出版社

地　　址：北京市东城区北京站西街 19 号（邮政编码 100005）

网　　址：http：//www.cepp.sgcc.com.cn

责任编辑：丁　钊（010-63412393）

责任校对：黄　蓓　郝军燕

装帧设计：郝晓燕

责任印制：杨晓东

印　　刷：北京锦鸿盛世印刷科技有限公司

版　　次：2023 年 1 月第一版

印　　次：2023 年 11 月北京第三次印刷

开　　本：710 毫米 ×1000 毫米　16 开本

印　　张：13

字　　数：209 千字

定　　价：78.00 元

编委会

编写组

前　言

为深入贯彻习近平总书记"人民至上、生命至上""生命重于泰山"的指示精神，严格落实国家电网有限公司安全生产反违章工作部署，牢固树立"违章就是隐患，违章就是事故"的理念，压实安全责任、夯实安全基础、提升安全水平，维护电力安全生产良好秩序，依据《国家电网有限公司关于进一步加大安全生产违章惩处力度的通知》（国家电网安监〔2022〕106号）《国网安监部关于追加严重违章条款的通知》（安监二〔2022〕16号）《国网安监部关于印发严重违章释义的通知》（安监二〔2022〕33号），国网吉林省电力有限公司组织编写了本书。

本书通过列举生动案例，对国家电网有限公司界定的104条严重违章分类逐条进行了解读，提出了相应的反违章预控措施。

衷心希望本书的出版，能够为电网企业安全生产从业人员，特别是生产一线员工深入理解和掌握严重违章的界定、性质、表现和预控，同时解决"不知不能"和"不为不办"两方面问题，提高辨识防范违章能力、增强主动防范违章意识，做到"知敬畏、明底线、守规矩"，从源头上遏制和消除违章发生的潜在可能，为营造全员反违章氛围、助力电网企业安全稳定发挥积极作用，提供有效帮助。

由于编制时间仓促、水平有限，本书难免存在不妥之处，欢迎广大读者批评指正，帮助我们及时修改完善。

C 目录
CONTENTS

2　Ⅱ类严重违章（共 30 条）

3　Ⅲ 类严重违章（共 59 条）

违章类别

15 条

主要包括违反新《安全生产法》《刑法》、"十不干"等要求的管理和行为违章

I 类严重违章

II 类严重违章

30 条

主要包括国家电网有限公司系统近年安全事故（事件）暴露出的管理和行为违章

III 类严重违章

59 条

主要包括安全风险高、易造成安全事故（事件）的管理和行为违章（同时也包括违章不及时整改、到岗不到位、安监人员督查不到位、作业现场视频监控设备不符合要求等）

1　Ⅰ类严重违章（共 15 条）

第 1 条　无日计划作业，或实际作业内容与日计划不符

📝 **释义**

（1）日作业计划（含临时计划、抢修计划）未录入安全风险管控监督平台。

（2）安全风险管控监督平台中日计划取消后，实际作业未取消。

（3）现场作业超出安全风险管控监督平台中作业计划范围。

🔔 **违章举例**（见图 1-1 ~ 图 1-4）

设备名称	作业项目	影响情况	开始时间 月日时分	结束时间 月日时分	作业类别	工作人数	作业地点	工作负责人	工作负责人电话	到岗到位人员姓名
500kV 嘉2号线	1.技改大修：10日7:00-14日19:00，安装舞动监测装置 2 套、双摆防舞器 759 套。（工期 5 天）	线路停电 注：一、…9日7:00-	09 13 07 00	09 17 19 00	技改工程	52	台区华能电厂	张清	150　3686	任贺 韩城 何
500kV 变电站 500kV 甜松号线	1.技改大修：线路双套微机保护及5052、5053断路器保护更换。（工期 8 天）2.常规检修：5052、5053开关、50531	线路停电	09 16 07 00	09 23 18 00	技改工程	13	500kV 变电站（松原市）	耿锋	131　5433	张昆 张山 车
500kV 松1号线（右边 绿色）	线路消缺：1.处理光缆引下线断股缺陷 13 件；2.处理引流线与金具摩擦、断股缺陷 9 件	线路停电	09 16 07 00	09 23 17 00	检修试验	30	北区甜水村 500kV	宋	180　6051	陈意 张夫 徐刚
水 500kV 变电站 500kV 松1号线	技改大修：线路双套微机保护、5032、5033开关保护、线路并联电抗器双套微机保护、非电量保护更换（工期 8 天）	线路停电	09 16 07 00	09 23 17 00	技改工程	11	水 500kv 变电站（吉林省）	刘	185　8767	张菁 贾 何

图 1-1　主控室电缆敷设等作业未向省电力公司报备相应作业计划

图 1-2　安全风险管控监督平台中日计划取消后，现场作业仍然正常开展

图 1-3　作业人员超出安全风险管控监督平台中报备的作业计划内容，在配合停电的
线路上作业仍然正常开展

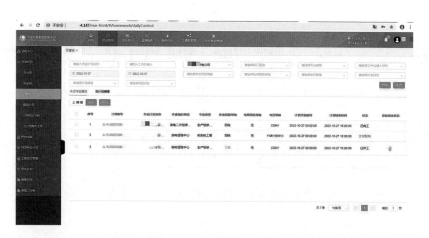

图 1-4　抢修作业未按要求进行报备，在工程预施工阶段，如立杆、放线等作业未进行报备

🔑 预控措施

（1）生产作业、营销作业、输变电工程、配（农）网建设、迁改工程施工、信息通信作业以及送变电公司和省管产业单位承揽的外部建设项目施工均应纳入作业计划管控且所有作业计划均应纳入安全风险管控监督平台线上管控，抢修作业应纳入临时计划，严格落实"无计划不作业"要求。

（2）作业计划按照"谁管理、谁负责"的原则实行分层分级管理。应结合安全风险管控监督平台应用，严格执行"月计划、周安排、日管控"的管理要求，明确各专业计划管理人员，健全计划编制、审批和发布工作机制，严格计划编审、发布与执行的全过程管控和监督。

（3）坚持作业计划"刚性"管理原则，禁止随意更改和增减作业计划，确属特殊情况需追加或变更作业计划，应按专业要求履行审批手续，并重新纳入作业风险管控流程后方可实施。

（4）安全生产保障体系各层级对作业计划制订、执行的准确性、及时性、全面性、规范性负责并常态化开展自查督查、处理整治。各级安监部门履行监督评价责任，制订并执行相应的奖惩制度。

第2条 存在重大事故隐患而不排除，冒险组织作业；存在重大事故隐患被要求停止施工、停止使用有关设备、设施、场所或者立即采取排除危险的整改措施，而未执行的

📝 **释义**

（1）作业现场存在《国家电网有限公司重大、较大安全隐患排查清单》所列重大安全隐患而不排除，冒险组织作业。

（2）作业现场存在重大事故隐患被政府安全监管部门要求停止施工、停止使用有关设备、设施、场所或者立即采取排除危险的整改措施，而未执行的。

🔔 **违章举例**（见图1-5、图1-6）

图1-5 钢丝绳在张力机出口处卡死，未排除隐患，现场冒险组织作业 　　图1-6 作业现场存在重大事故隐患被要求停止施工，仍进行作业

🔑 **预控措施**

（1）常态化开展安全隐患排查治理工作，及时掌握国家电网有限公司（以下简称公司）现行有效重大、较大隐患清单，动态更新省级电力公司较大隐患清单。

（2）确保现场勘察、特巡特护等工作开展到位，及时发现安全隐患并组织排除。作业前认真核对隐患清单，逐项核实作业对应内容，确保无隐患存在。

（3）严格落实在设备存在缺陷、隐患等特殊情况下，高电网风险预警期间会商研判机制，及时调整电网运行方式、作业计划，甚至中止作业执行。

（4）严禁未排除重大安全隐患即冒险组织作业、强令冒险作业。

（5）作业现场存在重大事故隐患被政府安全监管部门、公司各级安全监督部门要求停工停产、停止使用有关设备、设施及场所或立即采取排除危险的整改措施，应立即执行。

第3条 建设单位将工程发包给个人或不具有相应资质的单位

✎ **释义**

（1）建设单位将工程发包给自然人。

（2）承包单位不具备有效的（虚假、收缴或吊销）营业执照和法人代表资格证书，不具备建设主管部门和电力监管部门颁发的有效的（超资质许可范围、业务资质虚假、注销或撤销）业务资质证书，不具备有效的（冒用或者伪造、超许可范围、超有效期）安全资质证书（安全生产许可证）。

（3）建设单位将工程发包给列入负面清单、黑名单或限制参与投标的单位。

🔔 **违章举例**（见图1-7~图1-9）

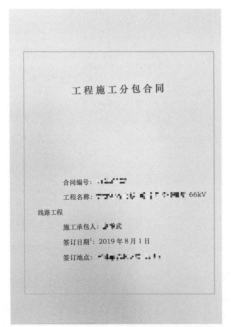

图1-7 建设单位将工程发包给自然人

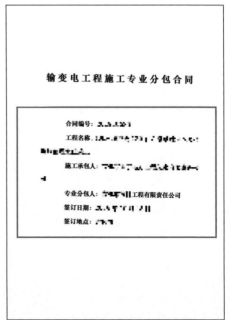

图1-8 承包单位不具备有效的业务资质证书

列入"黑名单"单位信息

序号	单位	统一社会信用代码
1		
2	...工程有限责任公司	
3		
4		
5		
6		

图 1-9　将工程发包给列入黑名单的单位（合同见图 1-7）

🔑 预控措施

（1）强化承发包合同与协议签订、合同履行流程的规范性。

（2）严格落实"管住队伍"要求，督导承包单位及时、准确、全面报备安全资信，通过安全风险管控监督平台核查队伍各项资质，做好队伍准入。

第4条 使用达到报废标准的或超出检验期的安全工器具

📝 **释义**

使用的个体防护装备、绝缘安全工器具、登高工器具等专用工具和器具存在以下问题：

（1）外观检查明显损坏或零部件缺失影响工器具防护功能。

（2）超过有效使用期限。

（3）试验或检验结果不符合国家或行业标准。

（4）超出检验周期或检验时间涂改、无法辨认。

（5）无有效检验合格证或检验报告。

🔔 **违章举例**（见图1-10~图1-12）

图1-10 试验合格证不清晰

图1-11 接地线护套破损

图1-12 安全带破损

🔑 预控措施

（1）强化安全工器具管理，确保日常管理（台账建立、定期检查、出返库检查记录、送检报废等）到位，及时清理、禁用损坏工器具，严禁超有效期使用安全工器具。

（2）安全工器具保管人员与领用人员协同，仔细检查安全工器具外观是否完好、是否在检验周期内、检验合格证张贴是否完好醒目。作业前，工作负责人再次对安全工器具进行全面检查。

（3）严格执行国家或行业标准对安全工器具进行定期检验、试验，将检验、试验报告（签字盖章版）与检验、试验合格的工器具同时交给作业班组，并提供与检验、试验报告结果一致的合格证。

第5条 工作负责人（作业负责人、专责监护人）不在现场，或劳务分包人员担任工作负责人（作业负责人）

📝 **释义**

（1）工作负责人（作业负责人、专责监护人）未到现场。

（2）工作负责人（作业负责人）暂时离开作业现场时，未指定能胜任的人员临时代替。

（3）工作负责人（作业负责人）长时间离开作业现场时，未由原工作票签发人变更工作负责人。

（4）专责监护人临时离开作业现场时，未通知被监护人员停止作业或离开作业现场。

（5）专责监护人长时间离开作业现场时，未由工作负责人变更专责监护人。

（6）劳务分包人员担任工作负责人（作业负责人）。

🔔 **违章举例**（见图 1-13~ 图 1-16）

图 1-13　工作负责人离开工作现场，未指定能胜任的人员临时代替

10.	工作负责人变动情况：
	原工作负责人_____离去，变更_____为工作负责人。
	工作票第一签发人签名：_____ 　　年___月___日___时___分
	工作票第二签发人签名：_____ 　　年___月___日___时___分

图 1-14　工作负责人长时间离开现场，未变更工作负责人

图 1-15　现场使用挖掘机作业，专责监护人临时离开作业现场时，
未通知被监护人员停止作业，未变更专责监护人

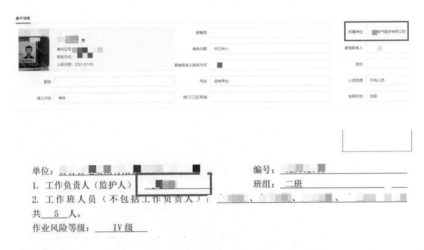

图 1-16　劳务分包人员担任工作负责人

🔑 **预控措施**

（1）严格落实国家电网有限公司生产现场作业"十不干"要求，工作班成员在工作负责人（作业负责人、专责监护人）不在现场的情况下立即停止作业或离开作业现场。

（2）工作期间，工作负责人（作业负责人）若因故暂时离开工作现场时，应指定能胜任的人员临时代替，离开前应将工作现场交代清楚，并告知工作班成员。原工作负责人返回工作现场时，也应履行同样的交接手续。

（3）工作负责人（作业负责人、专责监护人）长时间离开作业现场，严格履行变更手续。

（4）保证体系强化作业全过程安全管理和到岗到位安全管控，监督体系加强作业现场安全督查，及时发现、查纠工作负责人（作业负责人、专责监护人）不在现场仍开展作业以及劳务分包人员担任工作负责人（作业负责人）问题。

第6条　未经工作许可即开始工作

📝 **释义**

（1）公司系统电网生产作业未经调度管理部门或设备运维管理单位许可，擅自开始工作。

（2）在用户管理的变电站或其他设备上工作时未经用户许可，擅自开始工作。

（3）在客户侧营销现场作业，未经供电方许可人和客户方许可人共同对工作票或现场作业工作卡进行许可。

🔔 **违章举例**（见图1-17、图1-18）

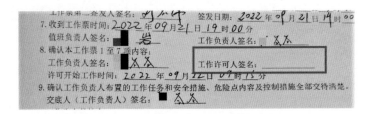

图1-17　工作许可人未在工作票上签名

图1-18　在用户设备上作业时，未经用户许可擅自开始工作

预控措施

（1）未经全部许可人许可（含调度管理部门及设备运维管理单位人员），不得擅自开始工作。

（2）客户侧营销现场作业，严格执行"双许可"机制。

（3）工作许可人在完成施工现场的安全措施后，还应会同工作负责人到现场再次检查所做的安全措施，对具体的设备指明实际的隔离措施，证明检修设备确无电压，对工作负责人指明带电设备的位置、注意事项，并和工作负责人在工作票上分别确认、签名后，方可开始工作。

第7条 无票工作、无令操作

📝 **释义**

（1）在运行中电气设备上及相关场所的工作，未按照《国家电网公司电力安全工作规程（各专业）》（以下简称《安规》）规定使用工作票、事故紧急抢修单。

（2）未按照《安规》规定使用施工作业票。

（3）未使用审核合格的操作票进行倒闸操作。

（4）未根据值班调控人员、运维负责人正式发布的指令进行倒闸操作。

（5）在油罐区、注油设备、电缆间、计算机房、换流站阀厅等防火重点部位（场所）以及政府部门、本单位划定的禁止明火区动火作业时，未使用动火票。

🔔 **违章举例**（见图1-19~图1-23）

图1-19 变电站内使用吊车搬运设备，未使用工作票　　图1-20 变电站内动火作业未使用动火票

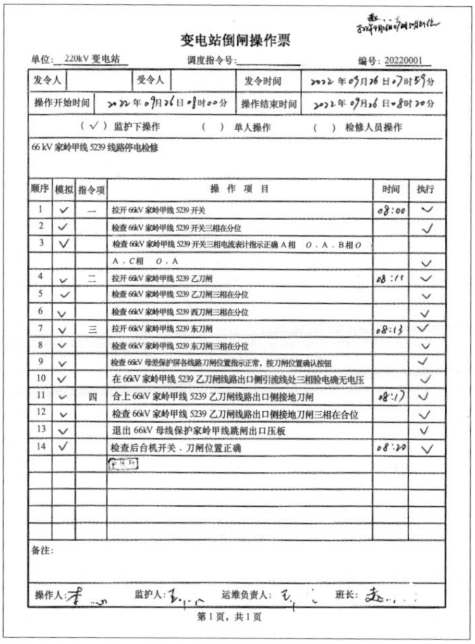

图 1-21　未接到调控人员的指令即操作　　　**图 1-22　使用缺少检查项的不合格操作票**

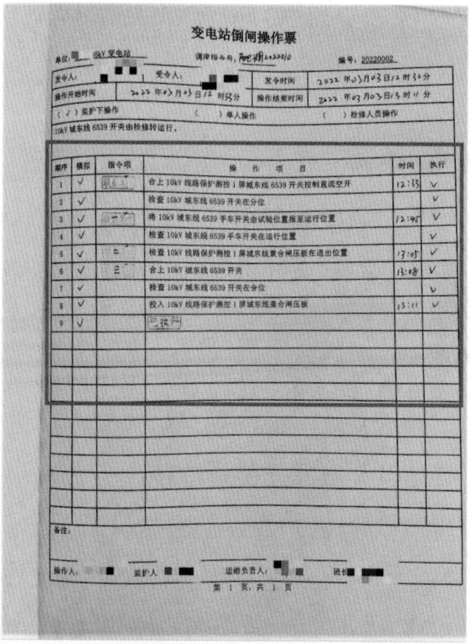

图 1-23　变电站基础施工，未使用施工作业票

🔑 预控措施

（1）临时、抢修作业应从工作票填制开始即提级开展安全管控，严格按照工作票填用程序执行。

（2）严格按照《安规（各专业）》规定，填用与工作任务相匹配的工作票、操作票，并严格履行签发许可等手续。

（3）操作票应严格按照编制、审核程序填用。倒闸操作应有调控值班人员、运维负责人正式发布的指令，并使用经事先审核合格的操作票。

（4）严禁无票开展动火作业。动火工作必须按要求办理动火工作票，并严格履行签发、许可等手续。

（5）"e基建"线上作业票与线下纸质版作业票应严格对应，避免出现作业内容、时间、人员和风险控制措施不一致的情况。

第8条 作业人员不清楚工作任务、危险点

📝 释义

（1）工作负责人（作业负责人）不了解现场所有的工作内容，不掌握危险点及安全防控措施。

（2）专责监护人不掌握监护范围内的工作内容、危险点及安全防控措施。

（3）作业人员不熟悉本人参与的工作内容，不掌握危险点及安全防控措施。

（4）工作前未组织安全交底、未召开班前会（站班会）。

🔔 违章举例（见图 1-24~ 图 1-27）

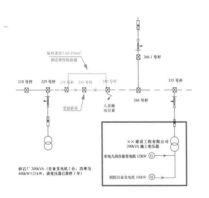

图 1-24 工作负责人对线路所带用户自备发电机配置和使用情况不掌握，不清楚反送电危险点

图 1-25 张力场作业人员不清楚使用钢丝绳接续导线放线的危险点，未采取防控措施

1. 工作负责人（监护人）：___生   班组：二班
2. 工作班人员（不包括工作负责人）：_____
   ___共 8 人。

序号	姓名	序号	姓名	序号	姓名	序号	姓名
1		2		3		4	
5		6		7		8	
9		10		11		12	
13		14		15		16	

图 1-26 工作任务单小组人员为 8 人，实际签名确认 4 人，有 4 人未参与安全交底，不清楚作业任务及危险点

图1-27　作业前未进行安全交底

🔑 预控措施

（1）持工作票工作前，工作负责人（作业负责人）、专责监护人必须清楚工作内容、危险点、监护范围、人员分工、带电部位、安全措施和技术措施，并对工作班成员进行告知交底。工作班成员需认真听取工作负责人、专责监护人交底，熟悉工作内容、工作流程，掌握安全措施，明确工作中的危险点，履行确认手续后方可开始工作。

（2）工作负责人（作业负责人）、到岗到位及安全监督人员应加强对工作班成员特别是劳务分包人员工作任务、内容、危险点及控制措施的考问。

（3）检修、抢修、试验等工作开始前，工作负责人应向全体作业人员详细交代安全注意事项，交代邻近带电部位，指明工作过程中的带电情况，做好安全措施。

（4）工作前组织安全交底、召开班前会（站班会）应严格执行录音要求，确保责任落实到位、记录可追溯。

第9条 超出作业范围未经审批

📝 **释义**

（1）在原工作票的停电及安全措施范围内增加工作任务时，未征得工作票签发人和工作许可人同意，未在工作票上增填工作项目。

（2）原工作票增加工作任务需变更或增设安全措施时，未重新办理新的工作票，并履行签发、许可手续。

🔔 **违章举例**（见图1-28、图1-29）

图1-28 作业人员超出工作票范围，未经许可审批，打开检修屏临近运行设备　　图1-29 作业人员超出工作范围，在配合停电线路上作业

🔑 **预控措施**

（1）加强日常巡视、运维等各项工作，及时发现缺陷隐患，统筹轻重缓急，合理制订综合检修计划，力争"一次检修、一次到位"。

（2）细致开展现场勘察，结合设备设施状态、现场环境条件等充分考虑作业任务是否全面、是否需要增加，做好分析研判，避免开工后临时增加工作任务。

（3）工作班及全体成员应在工作票规定的范围内工作，增加工作任务时，如不涉及停电范围及安全措施的变化，现有条件又可以保证作业安全，则需经工作票签发人和工作许可人同意且在原工作票上注明增加的工作项目，并详细告知作业人员新增项目内容、危险点及控制措施后方可实施。

（4）若增加的工作任务涉及变更或增设安全措施，属工作票核心内容根本性变更，则应先办理工作票终结手续，然后重新办理新的工作票，履行签发、许可手续后，方可继续工作。

第 10 条 作业点未在接地保护范围

📝 **释义**

（1）停电工作的设备，可能来电的各方未在正确位置装设（合）接地线（接地刀闸）。

（2）工作地段各端和工作地段内有可能反送电的各分支线（包括用户）未在正确位置装设（合）接地线（接地刀闸）。

（3）作业人员擅自移动或拆除（拉开）接地线（接地刀闸）。

🔔 **违章举例**（见图 1-30~ 图 1-32)

图 1-30 接地线未装设完毕即开始作业　　图 1-31 作业人员擅自拆除接地线　　图 1-32　未在正确位置装设接地线

🔑 **预控措施**

（1）检修作业。工作地段各端和工作地段内有可能反送电的各分支线都应接地。作业人员应在接地线的保护范围内作业。禁止在无接地线或接地线装设不齐全的情况下进行检修作业。

（2）建设施工。在停电的设备或母线上作业前，必须确保接地线装好后方可进行作业。线路杆塔附件安装作业地段两端应装设接地线。凡可能送电至停电设备的各部位均应装设接地线或合上专用接地刀闸。在停电母线上作业时，应将接地线尽量装在靠近电源进线处的母线上，必要时可装设两组接地线，并做好登记。接地线应明显，并与带电设备保持安全距离。

（3）严禁作业人员擅自移动或拆除（拉合）接地线（接地刀闸），移动或拆除（拉合）接地线（接地刀闸）必须结合作业时序，接受工作负责人（作业负责人）指令，专责监护人实施监护的前提下进行或由运维人员进行。

第11条　漏挂接地线或漏合接地刀闸

📝 释义

（1）工作票所列的接地安全措施未全部完成即开始工作（同一张工作票多个作业点依次工作时，工作地段的接地安全措施未全部完成即开始工作）。

（2）配合停电的线路未按以下要求装设接地线：

1）交叉跨越、邻近线路在交叉跨越或邻近线路处附近装设接地线。

2）配合停电的同杆（塔）架设配电线路装设接地线与检修线路相同。

🔔 违章举例（见图1-33、图1-34）

图1-33　配合停电的线
路漏挂接地线

图1-34　接地线未装设完毕即开始作业

🔑 预控措施

（1）严格执行现场勘察制度，准确填制工作票，强化工作票审核、签发把关，确保包括接地线（接地刀闸）在内的各项安全措施制订正确完备。

（2）工作负责人（作业负责人）、到岗到位及安全督查人员切实履责，确保接地安全措施全部布置到位，严禁工作票所列接地安全措施未全部布置到位即开始工作。

（3）检修作业。配合停电的交叉跨越或邻近线路，在线路的交叉跨越或邻近处应装设一组接地线。配合停电的同杆（塔）架设线路装设接地线要求与检修线路相同。

（4）建设施工。在邻近或交叉其他带电电力线路处作业时，作业的导线、接地线应在作业地点接地。绞磨等牵引工具应接地。

第12条 组立杆塔、撤杆、撤线或紧线前未按规定采取防倒杆塔措施；架线施工前，未紧固地脚螺栓

📝 释义

（1）拉线塔分解拆除时未先将原永久拉线更换为临时拉线再进行拆除作业。

（2）带张力断线或采用突然剪断导、地线的做法松线。

（3）耐张塔采取非平衡紧挂线前，未设置杆塔临时拉线和补强措施。

（4）杆塔整体拆除时，未增设拉线控制倒塔方向。

（5）杆塔组立前，未核对地脚螺栓与螺母型号是否匹配。

（6）架线施工前，未对地脚螺栓采取加垫板并拧紧螺母及打毛丝扣的防卸措施。

🔔 违章举例（见图1-35~图1-38）

图 1-35 带张力断线或采用突然剪断导、地线的做法松线

图 1-36 拆除杆塔未增设拉线

图1-37 耐张塔采取非平衡紧挂线前，未设置杆塔临时拉线和补强措施

图1-38 架线施工前，未对地脚螺栓采取加垫板并拧紧螺母及打毛丝扣的防卸措施

🔑 预控措施

（1）作业前严格检查杆塔根部、拉线、基础，确保牢固可靠。

（2）杆塔的临时拉线应在永久拉线全部安装完毕后方可拆除，拆除时应由现场指挥人统一指挥，不得安装一根永久拉线随即拆除一根临时拉线。拉线塔分解拆除时，应先将原永久拉线更换为临时拉线再进行拆除作业。

（3）杆塔组立前，应核对地脚螺栓与螺母型号是否匹配。铁塔组立后，地脚螺栓应随即采取加垫板并拧紧螺母及打毛丝扣等适当防卸措施（8.8、10.9级高强度地脚螺栓不应采用螺纹打毛的防卸措施）。

（4）抱杆及电杆的临时拉线绑扎及锚固应牢固可靠，起吊前应经指挥人或专责监护人检查。电杆立起后，临时拉线在地面未固定前，不得登杆作业。

（5）紧线、撤线前，应检查拉线、桩锚及杆塔。必要时，应加固桩锚或增设临时拉线。拆除杆上导线前，应检查杆根，做好防止倒杆措施，在挖坑前应先绑好拉绳。禁止采用突然剪断导线的做法松线。

第 13 条　高处作业、攀登或转移作业位置时失去保护

📝 释义

（1）高处作业未搭设脚手架、使用高空作业车、升降平台或采取其他防止坠落措施。

（2）在没有脚手架或者在没有栏杆的脚手架上工作，高度超过 1.5m 时，未用安全带或采取其他可靠的安全措施。

（3）在屋顶及其他危险的边沿工作，临空一面未装设安全网或防护栏杆或作业人员未使用安全带。

（4）杆塔上水平转移时未使用水平绳或设置临时扶手，垂直转移时未使用速差自控器或安全自锁器等装置。

🔔 违章举例（见图 1-39~ 图 1-42）

图 1-39　转移作业地点时失去保护

图 1-40　高处作业未系安全带

图 1-41　临空一面未装设安全网或防护栏杆

图 1-42　高处作业未搭设脚手架、使用高空作业车、升降平台或采取其他防止坠落措施

🔑 预控措施

（1）作业前，工作负责人（作业负责人）应对高处作业人员进行重点交底、提醒并引导做好高处作业危险点分析并掌握控制措施。带领高处作业人员仔细检查登高安全工器具、个人防护用具、脚手架等设施、高空作业车及平台等是否安全可靠，发现问题应立即调整、更换，经确认符合安全要求方能允许开展高处作业。

（2）高处作业人员必须对自己的安全负责，按规定穿戴好个人防护用具（安全带、安全帽、防坠自锁器等），穿软底防滑鞋。

（3）高处作业应搭设脚手架、使用高空作业车、升降平台或采取其他防止坠落措施。在没有脚手架或者在没有栏杆的脚手架上工作，高度超过1.5m时，应使用安全带或采取其他可靠的安全措施。在屋顶及其他危险的边沿工作，临空一面应装设安全网或防护栏杆或作业人员使用安全带。

（4）高处作业时，应使用防坠落悬挂式全方位安全带，并应采用速差自控器等后备防护设施。安全带及后备防护设施应固定在牢固的构件上，并采取高挂低用的方式。高处作业过程中，应随时检查安全带绑扎及扣环的牢固情况。

（5）高处作业人员在攀登或转移作业位置时不得失去保护。杆塔上水平转移时应使用水平绳或设置临时扶手，垂直转移时应使用速差自控器或安全自锁器等装置。作业人员在上下杆塔时应沿脚钉、爬梯或使用专用登高工具攀登，不得使用绳索或拉线上下杆塔，不得顺杆塔或单根构件下滑或上爬。

第14条 有限空间作业未执行"先通风、再检测、后作业"的要求;未正确设置监护人;未配置或不正确使用安全防护装备、应急救援装备

📝 **释义**

(1)有限空间作业前未通风或气体检测浓度高于《国家电网有限公司有限空间作业安全工作规定》附录7规定要求。

(2)有限空间作业未在入口设置监护人或监护人擅离职守。

(3)未根据有限空间作业的特点和应急预案、现场处置方案,配备使用气体检测仪、呼吸器、通风机等安全防护装备和应急救援装备;当作业现场无法通过目视、喊话等方式进行沟通时,未配备对讲机;在可能进入有害环境时,未配备满足作业安全要求的隔绝式或过滤式呼吸防护用品。

🔔 **违章举例**(见图1-43、图1-44)

图1-43 有限空间作业前未进行"先通风、再检测、后作业"要求

气体名称	安全范围	检测值
O₂(氧气)	19.5%~29.5%	21%
CO(一氧化碳)	<30mg/m³（25ppm）	0 / PPm
H₂S(硫化氢)	<10mg/m³（7ppm）	0 / PPm
检测人: 汉文		检测时间: 2022.3.02

图1-44 有限空间作业的气体检测记录表中,氧气的安全范围标准错误

🔑 **预控措施**

（1）有限空间作业必须设置监护人，严禁在没有监护的情况下作业。

（2）作业前，工作负责人应对安全防护设备、个体防护用品、应急救援装备、作业设备和用具的齐备性和安全性进行检查，发现问题应立即修护或更换。

（3）有限空间作业应严格遵守"先通风、再检测、后作业"原则，检测应当符合相关国家标准或者行业标准的规定并做好记录。未经通风和检测合格，任何人员不得进入有限空间作业。检测的时间不得早于作业开始前30min。

（4）工作负责人在确认作业环境、作业程序以及安全防护设备、个体防护装备、应急救援设备符合要求，确认作业人员正确佩戴使用劳动防护用品后，方可安排作业人员进入有限空间作业。

（5）有限空间作业过程中，应保持有限空间出入口畅通，并设置遮栏（围栏）和明显的安全警示标志及警示说明，夜间应设警示灯。应对有限空间作业面进行实时监测，防止缺氧窒息。应始终采取通风措施，保持空气流通。

（6）监护人员应在有限空间外持续监护，不得擅离职守，全程跟踪作业人员作业过程，保持信息沟通，发现有限空间气体环境发生不良变化、安全防护措施失效和其他异常情况时，应立即向作业人员发出撤离警报，并采取措施协助人员撤离。

（7）作业完成后，现场工作负责人应清点人员及设备数量，确保有限空间内无人员和设备遗留后，方可解除作业区域封闭、隔离及安全措施，履行作业终结手续。

（8）作业班组所属单位应根据本单位有限空间作业的特点，完善相应的应急预案和现场处置方案，并配备相关呼吸器、防毒面罩、通信设备、安全绳索等应急装备和器材。

（9）有限空间作业的现场负责人、监护人员、作业人员和应急救援人员应当掌握应急预案和现场处置方案相关内容，定期进行演练，提高应急处置能力。

第100条 牵引作业过程中，牵引机、张力机进出口前方有人通过

📝 **释义**

（1）牵引过程中，人员站在或跨过以下位置：

1）受力的牵引绳或导（地）线。

2）牵引绳或导（地）线内角侧。

3）展放的牵引绳或导（地）线圈内。

4）牵引绳或架空线正下方。

（2）牵引过程中，牵引机、张力机进出口前方有人通过。

🔔 **违章举例**（见图1-45、图1-46）

图1-45 导（地）线展放过程下 　　图1-46 牵引过程中人
方有人通过 　　　　　　　　　员站在牵引机进出口前方

🔑 **预控措施**

（1）牵引作业风险较高，工作负责人、监护人应高度关注牵张场地人员、环境状态，作业现场监理、管理人员、到岗到位人员、安全监督人员应对现场工作班成员、其他人员的动向保持高度关注。

（2）在牵引过程中，受力钢丝绳的周围、上下方、转向滑车内角侧，不得

有人逗留和通过。

（3）牵引过程中，穿越时，作业人员不得站在导线（地）线的垂直下方。

（4）牵引过程中，作业人员不得站在线圈内操作，各转向滑车围成的区域内侧不得有人，牵引绳进入的主牵引机高速转向滑车与钢丝绳卷车的内角侧不得有人，牵引机、张力机进出口前方不得有人通过。线盘或线圈接近放完时，应减慢牵引速度。

（5）机械敷设电缆，在牵引端宜制作电缆拉线头，保持匀速牵引，作业人员不得站在牵引钢丝绳内角侧。

2　Ⅱ类严重违章（共 30 条）

第 15 条　未及时传达学习国家、公司安全工作部署，未及时开展公司系统安全事故（事件）通报学习、安全日活动等

释义

（1）未通过理论中心组、党组（委）会、安委会或工作例会等形式按要求时限传达学习国家、公司安全生产重要会议、安全专项行动等工作部署。

（2）未按要求时限开展公司系统安全事故（事件）通报学习、专题安全日活动等。

违章举例（见图 2-1、图 2-2）

内部事项

国网ＸＸ供电公司安全生产委员会文件

安委会【2022】4 号

国网ＸＸ供电公司安全生产委员会
关于印发 2022 年第四次安委会(扩大)会议纪要的通知

公司各部门、业务机构、县公司：

2022 年 6 月 10 日上午，国网ＸＸ供电公司在 3 楼会议室召开 2022 年安委会第四次会议（扩大），深入学习贯彻省公司迎峰度夏电力保供电视电话会议暨 6 月份工作例会精神，把握实质、狠抓落实，全力以赴守安全、保供电、促发展。会议由公司总经理ＸＸＸ同志主持，公司领导班子成员出席会议，副总工程师、安全总监，各部门负责人在主会场参会，各业务机

·1·

督模式，严抓各类现场违章行为。转变思想观念，正确对待各级督查检查，针对发现的问题，要吸取教训、举一反三，深入剖析问题成因，不断细化完善全链条、全流程风险防控措施，切实做到发现一个问题、堵塞一处漏洞。**坚持重奖重罚。**扎实开展安全督查情况分析，针对工作票填写错误等习惯性违章，追根溯源解决背后的深层次管理问题。坚持重奖重罚，对责任落实到位、安全管理水平明显提升的单位，要予以绩效奖励，形成鲜明正向激励；对失职失责、违章频发的单位要“指名点姓”进行通报，严格执行“说清楚”制度，并严肃考核问责，形成强力震慑。

二要扎实部署好安全生产重点工作。开展安全月活动，敲响安全警钟，营造浓厚安全生产氛围。公司安监部围绕“遵守安全生产法，当好第一责任人”主题，明确了七个方面的工作安排，各部门、各单位主要负责同志要亲自部署、精心组织，重点加强安全警示教育，深化事故通报、违章案例学习，认真开展“五问三问”大讨论，同步开展安全素养、安全技能“双提升”工程建设，让员工认识到“安全生产关乎个人生命和家庭幸福”，不断夯实安全生产思想基础。**狠抓现场安全管控。**月 13-19 日，公司共有作业 41 项，含二级作业风险 1 项、三级作业风险 6 项、四级作业风险 34 项，其中，6 月 15 日新立 20kV 哈新线导地线拆除作业是今年公司第一个二级风险作

·5·

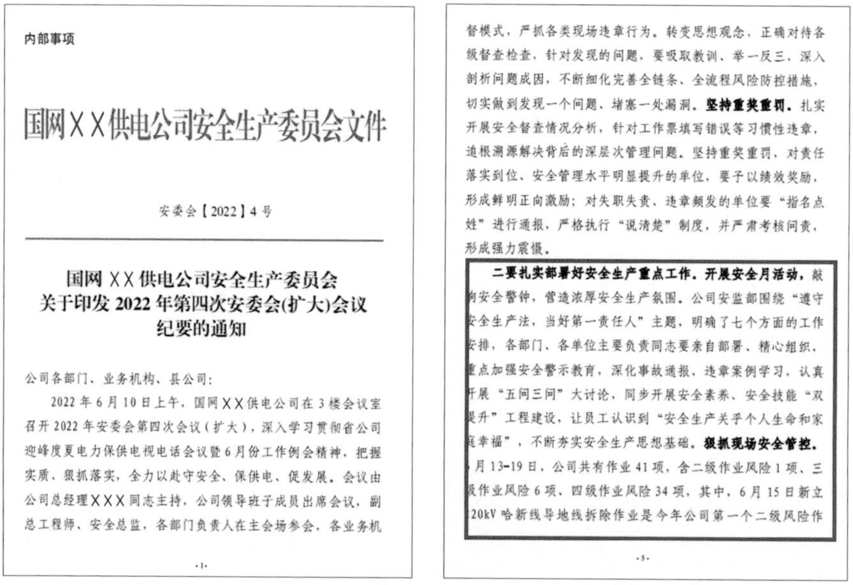

图 2-1　安委会会议纪要中未传达安全整治三年行动相关内容（一）

业。各级管理人员要严格履行到岗到位责任，运检、建设、安监、集团、监理等部门单位，要加强工作协同，严格落实风险控制措施，确保高风险作业安全。监理公司要发挥作用，避免因现场人员履责不到位，造成严重违章事件发生。

三要全力确保电力可靠供应，保障电网安全运行。电网安全是抓好保供的前提。坚持统一调度，令行禁止，持续加强负荷监视，严禁超稳定极限、超设备能力运行，特别是在电网特殊方式下，加强对重要输电线路的巡视，并提前做好事故预案。**持续抓好设备运维。**充分利用红外检测，在线监测等手段，强化重要输配电线路、变电站以及重载设备的状态管控和巡检消缺，加强变电站用电、直流电源、低压设备和空调等辅助系统运行维护。要强化春检质量管控，全面提升设备健康水平。持续抓好季节性隐患治理，坚持"巡视蹲守+现场督察+联防联动"的防外破、防树害间闭管理模式，切实降低故障跳闸事件。**创造良好外部环境。**紧密依靠政府，推动发电侧、电网侧、用电侧协同发力。加强沟通汇报，力争促成政府牵头成立电力保供专班，协调解决电力紧缺形势下可能出现的各类问题。深入梳理分析客户生产情况以及负荷特性，进一步细化完善分地区、分轮次有序用电用户清单，优先压限"两高"企业，确保民生及保障类用户用电无忧。积极配合磐石宏日生物质电厂、吉盟化纤自备电厂、明城亚泰水泥自备电厂机组消缺作业，力争6

图 2-1　安委会会议纪要中未传达安全整治三年行动相关内容（二）

图 2-2　未按要求时限开展安全日活动学习

🔑 预控措施

（1）各级单位应严格遵循一贯到底的原则，以理论中心组、党组（委）会、安委会形式或利用工作例会，按要求时限传达学习国家、国家电网有限公司安全生产重要会议、安全专项行动等工作部署。结合本单位实际，研究确定工作任务、工作方式、保障措施、考核评价等，制订专项工作方案，确保落实到位。

（2）各级单位、机构应利用安全活动、主题"安全日"开展国家电网有限公司系统安全事故（事件）通报学习、上级部署的安全生产重点工作任务进展情况研究分析等，以他人事故（事件）教训为警示引以为戒，推进重点工作。

第16条　安全生产巡查通报的问题未整改或整改不到位

释义

（1）被巡查单位收到巡查报告后，未制订整改措施，明确工作责任、任务分工、完成时限。

（2）巡查通报的问题未按要求整改到位。

违章举例（见图2-3）

序号	项目	问题类别	问题内容	问题数量（个）	整改措施	整改成效	计划整改时间	实际完成时间
20	4 安全基础保障	安全保障基础4.1	2020年《配电运行规程》未审批	1	已按照《配电运行规程》审批流程对其进行审批。	完善配电运行专业资料完整性。	2020/5/31	

图2-3　安全生产巡查问题未整改

预控措施

严格按照安全生产巡查通报的问题组织相关业务部门、单位召开专题会议，研究解决整改措施，明确责任人、整改时限及督办责任人，确保问题按期完成整改。建立安全生产例会通报机制，每次会议专题汇报问题整改完成情况，同时组织业务部门、各单位对照安全生产巡查检查提纲，举一反三查摆、杜绝类似问题发生，并定期组织"回头看"督查检查活动。

第17条　针对公司通报的安全事故事件、要求开展的隐患排查，未举一反三组织排查；未建立标准，分层分级组织隐患排查

释义

（1）针对公司通报的安全事故、事件暴露的典型问题和家族性隐患未举一反三组织排查。

（2）省级电力公司单位未分级分类建立隐患排查标准，未明确隐患排查内容、排查方法和判定依据。

（3）未在每年6月底前组织开展一次涵盖安全生产各领域、各专业、各环节的安全隐患全面排查。

违章举例（见图2-4）

图2-4　未开展举一反三安全隐患排查治理

预控措施

（1）安全隐患所在单位是安全隐患排查、治理和防控的责任主体。发展策划、人力资源、运维检修、调度控制、基建、营销、农电、科技（环保）、信息通信、消防保卫、后勤和产业等部门是本专业隐患的归口管理部门，负责组织、指导、协调专业范围内隐患排查治理工作，承担闭环管理责任。

（2）采取技术、管理措施，结合常规工作、专项工作和监督检查工作排查、发现安全隐患，明确排查的范围和方式方法，专项工作还应制订排查方案。排

查方式主要有：电网年度和临时运行方式分析；各类安全性评价或安全标准化查评；各级各类安全检查；各专业结合年度、阶段性重点工作和"二十四节气表"组织开展的专项隐患排查；风险辨识或危险源管理；已发生事故、异常、未遂、违章的原因分析，事故案例或安全隐患范例学习等。

（3）组织分级分类建立隐患排查标准，明确隐患排查内容、排查方法和判定依据。省市县三级公司分别负责不同等级隐患排查治理的闭环管理。

第18条 承包单位将其承建的全部工程转给其他单位或个人施工；承建单位将其承包的全部工程肢解后，以分包名义分别转给其他单位或个人施工

📝 **释义**

（1）承包单位将其承包的全部工程转给其他单位（包括母公司承接建筑工程后将所承接工程交由具有独立法人资格的子公司施工）或个人施工。

（2）承包单位将其承包的全部工程肢解以后，以分包的名义分别转给其他单位或个人施工。

🔔 **违章举例**（见图2-5、图2-6）

图2-5 承包单位将其承包的全部工程转给个人施工

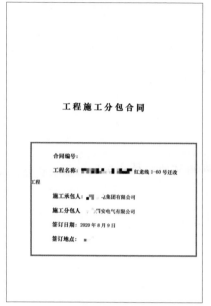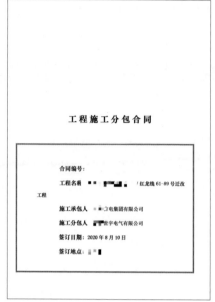

图 2-6　承包单位将其承包的全部工程肢解以后，以分包的名义分别转给
其他单位或个人施工

🔑 **预控措施**

（1）实行外包外委企业登记备案管理制度，对参与国家电网有限公司及所属各级单位基建项目建设、检修运维业务、营销服务业务等的外包外委企业实行登记备案管理，建立"外包外委企业库"。

（2）建立外包外委企业不良记录制度。国家电网有限公司及所属各级单位作为外包外委企业不良记录的实施主体，制订外包外委企业不良记录管理办法，实施不良记录管理，对外包外委企业动态列入并发布不良记录，禁止列入不良记录的外包外委企业参与公司各项建设项目、运营业务项目的投标。

（3）加强合同管理，有力行使建设、委托单位职责，坚决杜绝工程转包和违法分包现象。

（4）加强对承包企业项目经理管理，保证中标通知书与合同中项目经理为同一人；如有特殊情况项目经理需要变更，必须征得建设单位同意且需有施工企业的委托授权；项目经理必须始终在现场负责施工。

（5）加强工程分包管理。总承包单位需要将工程分包时，分包的工程内容和分包单位的选择必须经过监理单位同意，经建设单位批准。

第19条　施工总承包或专业承包单位未派驻主要管理人员；合同约定由承包单位负责采购的主要建筑材料、构配件及工程设备或租赁的施工机械设备，由其他单位或个人采购、租赁

📝 **释义**

（1）施工总承包单位或专业承包单位未派驻项目负责人、技术负责人、质量管理负责人、安全管理负责人等主要管理人员。

（2）施工总承包单位或专业承包单位派驻的上述主要管理人员未与施工单位订立劳动合同且没有建立劳动工资和社会养老保险关系。

（3）施工总承包单位或专业承包单位派驻的项目负责人未按照《施工项目部标准化管理手册》要求对工程的施工活动进行组织管理，又不能进行合理解释并提供相应证明。

（4）合同约定由承包单位负责采购的主要建筑材料、构配件及工程设备或租赁的施工机械设备，由其他单位或个人采购、租赁。

🔔 **违章举例**（见图 2-7~ 图 2-10）

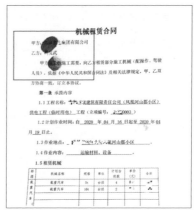

图 2-7　向个人租赁起重机械

图 2-8　施工承包单位未按照《施工项目部标准化管理手册》要求对工程的施工活动进行组织管理

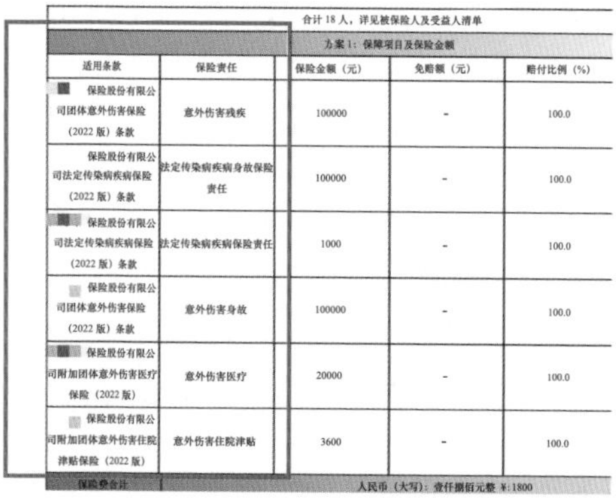

图 2-9　施工承包单位与施工单位人员未建立社会养老保险关系

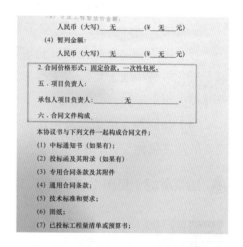

图 2-10　施工承包单位未派驻项目负责人

🔑 **预控措施**

（1）实行外包外委企业登记备案管理制度，对参与国家电网有限公司及所属各级单位基建项目建设、检修运维业务、营销服务业务等的外包外委企业实行登记备案管理，建立"外包外委企业库"。

（2）建立外包外委企业不良记录制度。公司及公司所属各级单位作为外包外委企业不良记录的实施主体，制订外包外委企业不良记录管理办法，实施不良记录管理，对外包外委企业动态列入并发布不良记录，禁止列入不良记录的外包外委企业参与国家电网有限公司各项建设项目、运营业务项目的投标。

（3）加强合同管理，有力行使建设、委托单位职责，坚决杜绝工程转包和违法分包现象。

（4）加强对承包企业施工项目负责人、技术负责人、质量管理负责人、安全管理负责人等主要管理人员的管理，确认主要管理人员与施工单位订立劳动合同且建立了劳动工资和社会养老保险关系，确保派驻的主要管理人员对该工程的施工活动进行组织管理。

（5）发包单位不得指定承包单位购入用于工程的建筑材料、建筑构配件和设备（含租赁）或者指定生产厂、供应商。

第20条　借用资质承揽工程

📝 释义

（1）没有资质的单位或个人借用其他施工单位的资质承揽工程。

（2）有资质的施工单位相互借用资质承揽工程的，包括资质等级低的借用资质等级高的、资质等级高的借用资质等级低的、相同资质等级相互借用等。

🔔 违章举例（见图2-11）

图2-11　没有资质的单位借用其他施工单位的资质承揽工程

🔑 预控措施

（1）加强对工程所需的材料费、设备费、人工费等费用支付方的核查，确保其为非独立核算的经济实体。

（2）加强对施工机械设备所有人或租借人的核查，确保其与合同承包方一致。

（3）加强对施工总承包单位是否与建筑工人形成雇佣关系的督查，确保工人的施工活动不受实际施工人而受名义承包人的监督和管理，工人的工资待遇不由实际施工人而由名义承包人发放和给予，则不能认定实际施工人存在借用资质行为。

（4）加强对项目部是否为中标企业内部常设机构的督查。

（5）加强对实际施工人员是否为工程利润获得者的督查。

（6）加强对实际施工人是否向名义承包人交纳管理费情况的核查。

第21条 拉线、地锚、索道投入使用前未计算校核受力情况

📝 **释义**

（1）未根据拉线受力、环境条件等情况，选择必要安全系数并在留有足够裕度后计算拉线规格。

（2）未根据实际情况及规程规范计算确定地锚的布设数量及方式，未按照受力、地锚形式、土质等情况确定地锚承载力和具体埋设要求。

（3）未按索道设计运输能力、承力索规格、支撑点高度和高差、跨越物高度、索道档距精确计算索道架设弛度。

🔔 **违章举例**（见图 2-12~ 图 2-14）

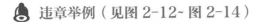

图 2-12 地锚投入使用前未计算校核受力情况

图 2-13 电杆拉线投入使用前
未计算校核受力情况导致倒杆

图 2-14 施工方案中拉线、地锚
未经计算即确定

🔑 预控措施

（1）严格执行现场勘察制度，充分了解、掌握拉线、地锚设置、布设所在地点的环境条件、地理位置等，结合拉线、地锚材质，通过详细计算，得出拉线安全系数、规格和地锚承载力、具体埋设要求。

（2）严格按照索道设计要求，对索道运输能力、承力索规格、支撑点高度和高差、跨越物高度、索道档距、架设弛度等进行精确计算。

第22条 拉线、地锚、索道投入使用前未验收；组塔架线前未对地脚螺栓开展验收；验收不合格，未整改并重新验收合格即投入使用

📝 **释义**

（1）拉线投入使用前未按照施工方案要求进行核查、验收，安全监理工程师或监理员未进行复验；现场未设置验收合格牌。

（2）地锚投入使用前未按施工方案及规程规范要求进行验收，安全监理工程师或监理员未进行复验；现场未设置验收合格牌。

（3）索道投入使用前未按施工方案及规程规范要求进行验收，安全监理工程师未复验，业主项目部安全专责未核验；现场未设置验收合格牌及索道参数牌。

（4）架线作业前未检查地脚螺栓垫板与塔脚板是否靠紧、两螺母是否紧固到位及防卸措施是否到位，安全监理工程师或监理员未进行复核；无基础及保护帽浇筑过程中的监理旁站记录。

（5）上述环节验收未合格即投入使用。

🔔 **违章举例**（见图2-15~图2-18）

图2-15 拉线投入使用前未验收   图2-16 地锚投入使用前未验收

图 2-17　铁塔组立前地脚螺栓未紧固　　图 2-18　绞磨地锚投入使用前未经验收

🔑 预控措施

（1）监理人员切实履责，认真开展隐蔽工程（工序）旁站、参与核验、验收复验等工作，并对监理结果负责。

（2）拉线、地锚投入使用前必须按照施工方案和规程规范要求进行核查、验收，安全监理工程师或监理员复验；现场设置验收合格牌。

（3）索道投入使用前必须按施工方案及规程规范要求进行验收，安全监理工程师复验，业主项目部安全专责核验；现场设置验收合格牌及索道参数牌。

（4）架线作业前应检查地脚螺栓垫板与塔脚板是否靠紧、两螺母是否紧固到位及防卸措施是否到位，安全监理工程师或监理员进行复核；基础及保护帽浇筑过程中监理应做好旁站记录。

第23条　未按照要求开展电网风险评估，及时发布电网风险预警、落实有效的风险管控措施

📝 **释义**

（1）电网风险预警"应发未发"。

（2）电网风险定级不准确，将高风险定级为低风险，低风险定级为高风险，随意扩大停电范围。

（3）六级及以上电网运行评估不全面，未准确辨识负荷减供（40MW以上）、电厂送出停电及重要用户供电中断等关键风险因素，未制订相应风险管控措施。

（4）上下级停电计划安排不合理，造成网架结构削弱、运行可靠性降低且未制订相应管控措施。

🔔 **违章举例**（见图2-19、图2-20）

电网风险	电网建设	产业风险		更多 >
● 220千伏变电站220千伏西母线停电风险预警				2022-09-09
● 220千伏变电站220千伏东母线停电风险预警				2022-09-07
● 66千伏北西乙线停电风险预警				2022-09-02
● 220千伏变电站220千伏东西母线轮停风险预警				2022-08-24
- 220千伏变电站220千伏东母线停电风险预警				2022-08-22
220千伏变电站220千伏系统全停风险预警				2022-08-19

电压等级	作业单位	二级作业单位	设备名称	作业项目	影响情况	开始时间月日时分				结束时间月日时分				电网风险定级
66kV			66kV永国乙线	基建工程：架设新建220kV南永乙线069号—66kV永国乙线026号过渡导线	线路停电	9	6	10	0	9	6	17	0	六级

图2-19　未发布电网风险预警

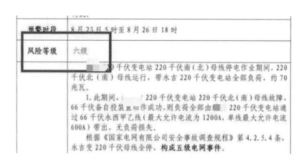

图 2-20   电网风险定级不准确

🔑 预控措施

（1）按照省电力公司管理层级和电网调度管辖范围，落实上级单位运行风险预警管控工作要求，负责本单位的电网运行风险预警评估、发布、实施等工作，并对下级单位电网运行风险预警管控工作进行指导、监督、检查和考核。

（2）强化电网运行"年方式、月计划、周安排、日管控"，建立健全风险预警评估机制，为预警发布和管控提供科学依据。

（3）严格贯彻"全面评估、先降后控"要求，动态评估电网运行风险，准确界定风险等级，做到不遗漏风险、不放大风险、不降低管控标准。

（4）准确辨识电网运行风险，合理进行预警编制、严格预警审批、及时进行预警发布和反馈，根据预警情况制订完善的管控措施。

第24条 特高压换流站工程启动调试阶段，相关单位责任不清晰，设备主人不明确，预试、交接、验收等环节工作未履行

📝 **释义**

（1）特高压换流站工程启动调试阶段，建设、施工、运维等单位未按照《特高压换流站工程现场安全管理职责分工》要求明确责任界面。

（2）设备主人未按照工程移交流程进行明确。

（3）建设、施工、运维等单位未履行预试、交接、验收等环节工作责任。

🔔 **违章举例**（见图2-21~图2-23）

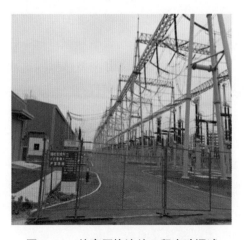 

图2-21 特高压换流站工程启动调试阶段，建设、施工、运维单位等未按照《特高压换流站工程现场安全管理职责分工》要求明确责任界面 | 图2-22 设备主人未按照工程移交流程进行职责分工，未明确责任界面

51

图 2-23 特高压换流站工程启动调试阶段，未履行预试、交接、验收等环节

🔑 **预控措施**

（1）当换流站存在分期、分区域带电需求时，为保证设备、人身以及系统安全，建设单位应在带电区域、站内及其他施工区域之间设置完善的安全隔离措施，实施封闭隔离管理，严格执行"两票三制"；建设单位负责组织设计、施工与厂家共同制订带电隔离方案及措施，运行单位参与隔离方案及措施的编制及审查；建设单位负责组织施工，与厂家共同完成隔离措施的具体实施及验收，并对相关工作的正确性负责，运行单位完成相关隔离措施验收后，调试及试运行期间的隔离措施移交运行单位管理。

（2）严格按照工程阶段施工要求进行设备移交，并履行相关交接手续。

（3）建设单位牵头组织开展交接、验收工作，负责缺陷登记汇总，明确缺陷等级、消缺责任单位、完成处理时间等，施工单位及厂家按照要求进行交接、整改消缺工作，运行单位参与并跟踪问题的闭环处置及验收。

第25条 约时停、送电；带电作业约时停用或恢复重合闸

📝 **释义**

（1）电力线路或电气设备的停、送电未按照值班调控人员或工作许可人的指令执行，采取约时停、送电的方式进行倒闸操作。

（2）需要停用重合闸或直流线路再启动功能的带电作业未由值班调控人员履行许可手续，采取约时方式停用或恢复重合闸或直流线路再启动功能。

🔔 **违章举例**（见图2-24、图2-25）

图2-24 线路重合闸尚未停用，已按约时开展带电作业

图2-25 配合停电的低压线路尚未停电，现场已按约时开展0.4kV绝缘导线放线工作

🔑 预控措施

（1）电力线路或电气设备计划性停、送电必须履行报请、会商、审批、发布程序，办理停电会签手续。

（2）无值班调控人员指令，禁止进行停、送电倒闸操作，严禁采取约时方式进行停、送电操作。

（3）带电作业需要停用重合闸或停用直流线路再启动功能，应向值班调控人员申请，履行许可手续，严禁采取约时方式停用、恢复重合闸或直流线路再启动功能。

第26条　未按要求开展网络安全等级保护定级、备案和测评工作

📝 释义

（1）未按照《中华人民共和国信息安全技术网络安全等级保护定级指南》要求，对信息系统进行定级，或信息系统定级与实际情况不相符。

（2）未按照《国家电网有限公司网络安全等级保护建设实施细则》要求，第三级及以上系统每年开展一次网络安全等级测评，第二级信息系统上线后开展网络安全等级测评，在后续运行中按需开展测评。

（3）新建系统在正式投运30日内，已投运系统在等级确定后30日内，未向所在地公安机关和所在地电力行业主管部门进行备案。

（4）开展等级保护测评的机构不符合国家有关规定，未在公安部门、国家能源局备案，或未通过电力测评机构技术能力评估。

🔔 违章举例（见图2-26）

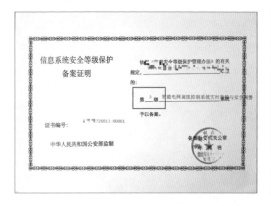

图2-26　第三级系统未每年开展一次网络安全等级测评

🔑 预控措施

（1）网络安全等级保护定级、备案和测评工作按照"谁管理、谁负责"的原则实行分层、分级管理。明确各级网络、信息系统安全等级保护定级、备案和测评工作机制，并纳入风险管控系统流程。

（2）按时开展网络安全等级保护定级、备案和测评工作，及时对新上线网络基础设施（广电网、电信网、专用通信网络等）、云计算平台（系统）、大数据平台（系统）、物联网、工业控制系统、采用移动互联技术的系统开展网络安全等级保护定级、备案和测评工作。

（3）各级专业管理部门建立健全安全等级保护定级、备案和测评、整改评价等工作的奖惩制度并严格执行。

第27条　电力监控系统中横纵向网络边界防护设备缺失

📝 **释义**

（1）生产管理大区与管理信息大区之间未部署电力专用横向隔离装置。

（2）生产控制大区内部的安全区之间未采用具有访问控制功能的网络设备、防火墙或者相当功能的设施，实现逻辑隔离。

（3）安全接入区与生产控制大区相连时，未采用电力专用横向隔离装置进行集中互联。

（4）调度中心、发电厂、变电站在生产控制大区与广域网的纵向连接处，未设置国家指定部门检测认证的电力专用纵向加密认证装置或者加密认证网关及相应设施，未实现双向身份认证、数据加密和访问控制。

🔔 **违章举例**（见图 2-27、图 2-28）

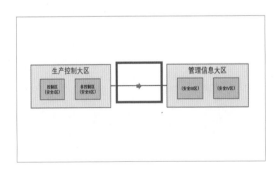

图 2-27　生产控制大区与管理信息大区之间缺少横向隔离装置

图 2-28　网络安全隔离装置未部署

🔑 **预控措施**

（1）在生产控制大区与管理信息大区之间（即安全区Ⅰ/Ⅱ与安全区Ⅲ边界处）必须部署经国家指定部门检测认证的电力专用横向单向安全隔离装置，横向隔离强度应当接近或达到物理隔离，确保单向访问，在一定程度上保护电力系统的网络安全。横向隔离通过网络隔离、物理隔离、网闸隔离实现。

（2）安全接入区与生产控制大区相连时，应采用电力专用横向隔离装置进行集中互联。

（3）生产控制大区内部的安全区之间应采用具有访问控制功能的网络设备、防火墙或者相当功能的设施，实现逻辑隔离。

（4）调度中心、发电厂、变电站在生产控制大区与广域网的纵向连接处，应设置国家指定部门检测认证的电力专用纵向加密认证装置或者加密认证网关及相应设施，实现双向身份认证、数据加密和访问控制。

第28条　货运索道载人

📝 **释义**

略。

🔔 **违章举例**（见图2-29）

图2-29　货运索道载人

🔑 **预控措施**

（1）货运索道不得超载使用，不得载人。

（2）施工单位加强对作业人员教育培训，强调货运索道载人可能产生的严重后果。工作负责人（作业负责人）作业前认真进行危险点及控制措施交底，考问作业人员对货运索道严禁载人要求的掌握情况。

（3）工作负责人（作业负责人）、监理及现场管理人员、到岗到位人员对作业现场人员保持高度关注，及时纠正不安全行为。

第29条 超允许起重量起吊

释义

（1）起重设备、吊索具和其他起重工具的工作负荷，超过铭牌规定。

（2）没有制造厂铭牌的各种起重机具，未经查算及荷重试验使用。

（3）特殊情况下需超铭牌使用时，未经过计算和试验，未经本单位分管生产的领导或总工程师批准。

违章举例（见图2-30、见图2-31）

图2-30 起重量超铭牌规定

图2-31 起重机铭牌缺少额定起重量，未经查算及荷重试验使用

预控措施

（1）全面、详尽编制含起重内容在内的施工方案（或专项施工方案），方案应结合作业任务具体实际，方案后应附必附起重部分安全验算结果，超过一定规模还需履行"三总"审批手续，确保安全预控。

（2）严格控制特殊情况下超铭牌使用，包括未经过计算和试验，未经本单位分管生产的领导或总工程师批准等。

（3）严格起重设备、吊索具、其他起重工具的入场检查检测，确保铭牌、参数与施工方案内容一致。

（4）严禁使用未经查算及荷重试验的无制造厂铭牌的起重机具。

（5）起重机械、机具在作业过程中严格按照规定的起重性能作业，不得超载。

第30条 采用正装法组立超过30m的悬浮抱杆

释义

抱杆长度超过30m一次无法整体起立时，多次对接组立未采取倒装方式，采用正装方式对接组立悬浮抱杆。

违章举例（见图2-32）

图2-32 采用正装法组立超过30m的悬浮抱杆，造成铁塔拦腰折断

预控措施

（1）选用抱杆要严格经过计算或负荷校核。抱杆的金属结构、连接板、抱杆头部和回转部分等，应每年对其变形、腐蚀、铆、焊或螺栓连接进行一次全面检查。每次使用前也应进行检查。

（2）缆风绳与抱杆顶部及地锚的连接应牢固可靠。缆风绳与地面的夹角一般不大于45°。缆风绳与架空输电线及其他带电体的安全距离应满足规程规定。

（3）地锚的分布及埋设深度应根据地锚的受力情况及土质情况确定。

（4）承托绳的悬挂点应设置在有大水平材的塔架断面处，若无大水平材时应验算塔架强度，必要时应采取补强措施。承托绳应绑扎在主材节点的上方。承托绳与主材连接处宜设置专门夹具，夹具的握着力应满足承托绳的承载能力。承托绳与抱杆轴线间夹角不应大于45°。

（5）抱杆内拉线的下端应固定在靠近塔架上端的主材节点下方。提升抱杆宜设置两道腰环，两道腰环之间的间距应根据抱杆长度合理设置，以保持抱杆的竖直状态。构件起吊过程中抱杆腰环不得受力。

（6）应视构件结构情况在其上、下部位绑扎控制绳，下控制绳（也称攀根绳）宜使用钢丝绳。构件起吊过程中，下控制绳应随吊件的上升随之松出，保持吊件与塔架间距不小于100mm。

（7）抱杆无法一次整体起立时，多次对接组立应采取倒装方式，禁止采用正装方式对接组立悬浮抱杆。

第31条　紧断线平移导线挂线作业未采取交替平移子导线的方式

📝 **释义**

略。

🔔 **违章举例**（见图2-33）

图2-33　导线移线作业时，未采取交替平移子导线的方式，造成铁塔
受力不均导致倒塔事故

🔑 **预控措施**

（1）紧断线平移导线时，耐张塔上某相导线在滑车处开断后，应将子导线逐根平移另一侧横担上。

（2）操作时应交替进行，即按照横担小号侧平移一根子导线，横担大号侧随即平移一根子导线的次序进行，使得横担的前后侧受力基本均衡，避免铁塔单侧受力过大或者受较大扭力导致损坏，甚至导致作业人员人身伤亡。

第 32 条　在带电设备附近作业前未计算校核安全距离；作业安全距离不够且未采取有效措施

📝 **释义**

（1）在带电设备附近作业前，未根据带电体安全距离要求，对施工作业中可能进入安全距离内的人员、机具、构件等进行计算校核。

（2）在带电设备附近作业计算校核的安全距离与现场实际不符，不满足安全要求。

（3）在带电设备附近作业安全距离不够时，未采取绝缘遮蔽或停电作业等有效措施。

🔔 **违章举例**（见图 2-34~ 图 2-37 ）

图 2-34　人体与带电部分安全距离不足且未按要求采取绝缘遮蔽措施

图 2-35　现场起吊作业过程中吊臂与带电线路安全距离不足

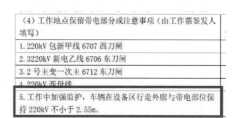

（4）工作地点保留带电部分或注意事项（由工作票签发人填写）
1. 220kV 包新甲线 6707 西刀闸
2. 3220kV 新电乙线 6706 东刀闸
3. 2 号主变一次主 6712 东刀闸
4. 220kV 西母线
5. 工作中加强监护，车辆在设备区行走外廓与带电部位保持 220kV 不小于 2.55m。

图 2-36　工作票内未写明与带电体间的安全距离

（4）工作地点保留带电部分或注意事项（由工作票签发人填写）
1.220kV 包新甲线 6707 东刀闸
2.2 号主变一次主 6712 西刀闸
3.220kV 新电乙线 6706 东刀闸
4.220kV 东母线
5. 工作中加强监护，注意人体和物体对带电导体的安全距离保持 220kV 不小于 2.00m 以上安全距离。车辆在设备区行走外廓与带电部位保持 220kV 不小于 1.55m。

图 2-37　工作票内与带电体安全距离填写错误

🔑 预控措施

（1）严格执行现场勘察工作规定，编制专项施工方案，明确起重机、斗臂车等机械设备行进路线、作业站位、临电边界等且经安全验算合格。同时应对施工作业中可能进入安全距离内的人员、机具、构件等进行计算校核。

（2）经验算发现在带电设备附近作业时，起重机、斗臂车等机械设备与带电部位之间的安全距离小于"设备不停电时的最小安全距离"，应停电作业。当安全距离大于"设备不停电时的最小安全距离"、小于"与带电体的最小安全距离"时，若无法停电则需采取绝缘遮蔽等防止误碰带电设备的有效措施，并经本单位分管专业副总工程师或总工程师批准。审核不通过，申请停电作业。长期或频繁临近带电体作业时，必须采取隔离防护措施。

（3）作业时，起重机臂架、吊具、辅具、钢丝绳及吊物等带电体的最小安全距离要满足《安规》的规定且应设专人监护。

（4）临近高低压线路时，必须与线路运行部门取得联系，得到书面许可并有运行人员在场监护的情况下可进行吊装作业。

第33条　乘坐船舶或水上作业超载，或不使用救生装备

📝 释义

（1）船舶未根据船只载重量及平衡程度装载，超载、超员。

（2）水上作业或乘坐船舶时，未全员配备、使用救生装备。

🔔 违章举例（见图2-38、图2-39）

图2-38　水上作业未穿救生衣

图2-39　超载

🔑 预控措施

（1）乘坐船舶、水上作业前，施工作业层班组技术员提出，施工项目部技术员复核后，施工项目部方案编制人在施工技术方案中明确措施，并对作业层班组进行交底。

（2）水上作业或运输租用的船舶或其他装备由施工项目部项目经理签订租赁合同、安全协议。

（3）水上作业或运输租用的船舶开挖设备，以及救生衣等安全工机具由施工项目部安全员组织进行经常性维护保养和定期自行检查，专业监理工程师组织进行入场前审查。

（4）水上作业和乘坐船舶前，施工作业层班组负责人应组织对相关人员进行安全交底，对开始作业和开航发出指令，防止船舶超员、超载，禁止大风、大雾、大雪等恶劣天气进行水上作业或运输；施工项目部安全员对水上作业和乘坐船舶人员规范穿戴救生衣把关；安全监理工程师或监理员进行现场监督

把关。

（5）水上作业和乘坐船舶中，施工项目部安全员监督水上作业和乘坐船舶人员规范穿戴救生衣，监督船舶不得偏航行驶。

（6）水上作业和乘坐船舶完毕，施工作业层班组负责人对水上作业和乘坐船舶人员进行点名，施工项目部安全员复核，安全监理工程师或监理员进行确认。

第34条 在电容性设备检修前未放电并接地，或结束后未充分放电；高压试验变更接线或试验结束时未将升压设备的高压部分放电、短路接地

📝 **释义**

（1）电容性设备检修前、试验结束后未逐相放电并接地；星形接线电容器的中性点未接地。串联电容器或与整组电容器脱离的电容器未逐个多次放电；装在绝缘支架上的电容器外壳未放电；未装接地线的大电容被试设备未先行放电再做试验。

（2）高压试验变更接线或试验结束时，未将升压设备的高压部分放电、短路接地。

🔔 **违章举例**（见图2-40、图2-41）

图2-40 电容器检修前未放电并接地；高压试验变更接线时，未将升压设备的高压部分放电、短路接地

图2-41 高压试验变更接线时未将升压设备的高压部分放电

🔑 **预控措施**

（1）电容性设备检修前、试验结束后应逐相放电并接地；星形接线电容器的中性点应接地。串联电容器或与整组电容器脱离的电容器应逐个多次放电；装在绝缘支架上的电容器外壳应放电；未装接地线的大电容被试设备应先行放电再做试验。

（2）高压试验变更接线或试验结束，应断开试验电源，并将升压设备的高压部分放电、短路接地。

（3）电缆耐压试验前，应对设备充分放电。更换试验引线时，作业人员应先戴好绝缘手套对设备充分放电。电缆试验过程中发生异常情况时，应立即断开电源，经放电、接地后方可检查。电缆试验结束，应对被试电缆进行充分放电，并在被试电缆上加装临时接地线，待电缆尾线（终端引出线）接通后方可拆除。

第35条 擅自开启高压开关柜门、检修小窗，擅自移动绝缘挡板

📝 **释义**

（1）擅自开启高压开关柜门和检修小窗。

（2）高压开关柜内手车开关拉出后，隔离带电部位的挡板未可靠封闭或擅自开启隔离带电部位的挡板。

（3）擅自移动绝缘挡板（隔板）。

🔔 **违章举例**（见图2-42~图2-44）

图2-42 擅自开启高压开关柜门和检修小窗

图2-43 检修过程中检修人员擅自打开开关柜内静触头侧绝缘隔离挡板

发电机出线小间

图2-44 开关柜内隔离挡板未可靠封闭

🔑 **预控措施**

（1）未经许可、未执行安全措施，严禁擅自开启高压开关柜门、检修小窗，严禁擅自移动绝缘挡板（隔板）。

（2）作业前，安全措施布置必须完整到位。高压开关柜内手车开关拉出后，隔离带电部位的挡板应可靠封闭，禁止开启，并设置"止步，高压危险！"标示牌。

（3）作业时不得失去监护。监护人不得从事其他工作。

第36条 在带电设备周围使用钢卷尺、金属梯等禁止使用的工器具

📝 释义

（1）在带电设备周围使用钢卷尺、皮卷尺和线尺（夹有金属丝者）进行测量工作。

（2）在变、配电站（开关站）的带电区域内或临近带电设备处，使用金属梯子、金属脚手架等。

🔔 违章举例（见图2-45、图2-46）

图2-45 在带电设备周围使用钢卷尺进行测量工作

图2-46 在变电站带电区域使用金属梯子

🔑 预控措施

（1）严禁在带电设备周围使用钢卷尺、皮卷尺和线尺（夹有金属丝者）进行测量工作。如确需测量，应使用带电导则要求的绝缘测尺。

（2）严禁在电力线路、变配电站（开关站）的带电区域内或临近带电设备处，使用金属梯子和金属脚手架等。

（3）金属梯子、金属脚手架禁止进入在运变电站运行区域。

第37条　倒闸操作前不核对设备名称、编号、位置，不执行监护复诵制度或操作时漏项、跳项

📝 **释义**

略。

🔔 **违章举例**（见图2-47）

✓	5	拉开10kV北石线15号杆上网压隔离开关。	06:43
✓	6	检查10kV北石线15号柱上高压隔离开关在开位。	✓
✓	7	在10kV北石线15号柱上环网真空开关负荷侧电缆头接线端子上三相验电确无电压。	06:44
✓	8	在10kV北石线15号柱上环网真空开关负荷侧电缆头接线端子上装设2702DX（10kV）-01接地线1组。	06:46
✓	9	在10kV北石线15号杆悬挂"禁止合闸，线路有人工作"标示牌。	06:48
		以下空白	

图2-47　配电倒闸操作时未认真核对操作票票面信息，未按照操作票上填写的接地点装设接地线

🔑 **预控措施**

（1）倒闸操作前，应核对系统方式、线路名称、设备双重名称和状态。

（2）倒闸操作应认真执行监护复诵制度，现场倒闸操作过程中应唱票、复诵（单人操作时也应高声唱票），宜全过程录音。

（3）操作人应严格按照操作票填写的顺序逐项操作，每操作完一项，应检查确认后做一个"√"记号，全部操作完毕后进行复查。复查确认后，受令人应立即汇报发令人。

（4）监护操作时，操作人在操作过程中不得有任何未经监护人同意的操作行为。

第38条　倒闸操作中不按规定检查设备实际位置，不确认设备操作到位情况

释义

（1）倒闸操作后未到现场检查断路器、隔离开关、接地刀闸等设备实际位置并确认操作到位。

（2）无法看到实际位置时，未通过至少2个非同样原理或非同源指示（设备机械位置指示、电气指示、带电显示装置、仪表及各种遥测、遥信信号等）的变化进行判断确认。

违章举例（见图2-48）

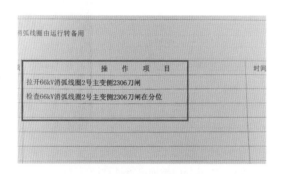

操作　项　目	时间
拉开66kV消弧线圈2号主变侧2306刀闸	
检查66kV消弧线圈2号主变侧2306刀闸在分位	

消弧线圈由运行转备用

图2-48　倒闸操作后未到现场检查隔离开关实际位置并确认操作到位

🔑 预控措施

（1）倒闸操作后应到现场检查断路器、隔离开关、接地刀闸等设备实际位置并确认操作到位。

（2）电气设备操作后的位置检查应以设备（各相）实际位置为准；无法看到实际位置时，应通过间接方法如设备机械位置指示、电气指示、带电显示装置、仪表及各种遥测、遥信等信号的变化来判断设备位置。判断时，至少应有两个非同样原理或非同源的指示发生对应变化且所有这些确定的指示均已同时发生对应变化，方可确认该设备已操作到位。以上检查项目应填写在操作票中作为检查项。检查中若发现其他任何信号有异常，均应停止操作，查明原因。若进行遥控操作，可采用上述的间接方法或其他可靠的方法判断设备位置。

（3）断路器（开关）与隔离开关（刀闸）无机械或电气闭锁装置时，在拉开隔离开关（刀闸）前应确认断路器（开关）已完全断开。

第39条 在继保屏上作业时，运行设备与检修设备无明显标志隔开，或在保护盘上或附近进行振动较大的工作时，未采取防掉闸的安全措施

📝 释义

（1）在继保屏上作业时，未将检修设备与运行设备以明显的标志隔开。

（2）检修设备所在屏柜上还有其他运行设备，屏柜内的运行设备未和检修设备有明显标志隔离，与运行设备有关的压板❶、切换开关、空气开关等附件未做禁止操作标志。

（3）在运行的继电保护、安全自动装置屏附近开展振动较大的工作，有可能影响运行设备安全时，未采取防止运行设备误动作的措施。

🔔 违章举例（见图2-49~图2-52）

图2-49 在继保屏上作业时，未将检修设备二次回路与运行设备二次回路以明显的标志隔开

图2-50 同屏一条66kV线路检修，屏柜内另一条66kV线路运行，运行设备未和检修设备有明显标志隔离，与运行设备有关切换开关未做禁止操作标志

---

❶ 压板的电力名词术语为连接片。因为国网公司文件原文均用压板，所以本书也均延用压板。

图 2-51　继电保护装置屏安装，临近继电保　　图 2-52　已拉开的空气开关未做
护装置屏未采取防止运行设备误动作的措施　　　　　　　　禁止操作标志

🔑 **预控措施**

（1）继电保护、自动化设备运检班组严格执行现场勘察制度，正确、全面编制工作票（二次工作安全措施票），协同变电运维班组做好安全措施布置工作。

（2）在全部或部分带电的运行屏（柜）上进行工作时，应将检修设备与运行设备以明显的标志隔开。

（3）在继电保护装置、安全自动装置及自动化监控系统屏（柜）上或附近进行打眼等振动较大的工作时，应采取防止运行中设备误动作的措施，必要时向调控中心申请，经值班调控人员或运维负责人同意，将保护暂时停用。

第40条　防误闭锁装置功能不完善，未按要求投入运行

📝 释义

（1）断路器、隔离开关和接地刀闸电气闭锁回路使用重动继电器。

（2）机械闭锁装置未可靠锁死电气设备的传动机构。

（3）微机防误装置（系统）主站远方遥控操作、就地操作未实现强制闭锁功能。

（4）就地防误装置不具备高压电气设备及其附属装置就地操作机构的强制闭锁功能。

（5）高压开关柜带电显示装置未接入"五防"闭锁回路，未实现与接地刀闸或柜门（网门）的连锁。

（6）防误闭锁装置未与主设备同时设计、同时安装、同时验收投运；新建、改（扩）建变电工程或主设备经技术改造后，防误闭锁装置未与主设备同时投运。

🔔 违章举例（见图2-53、图2-54）

图2-53　变电站现场设备区
操作电源箱未锁住

图2-54　带电显示装置未接入"五防"
闭锁回路

🔑 预控措施

（1）断路器、隔离开关和接地刀闸电气防误闭锁回路不应设重动继电器类元器件，应直接用断路器、隔离开关和接地刀闸的辅助触点；操作断路器或隔

离开关时，应确保操作断路器或隔离开关位置正确，并以现场实际状态为准。

（2）敞开式隔离开关与其所配装的接地刀闸间应配有可靠的机械防误闭锁。机械闭锁装置应能可靠锁死电气设备的传动机构。

（3）采用计算机监控系统时，远方、就地操作均应具备防止误操作闭锁功能。监控防误系统应具有完善的全站性防误闭锁功能。应满足《变电站监控系统防止电气误操作技术规范》的要求。

（4）成套高压开关柜、成套SF_6组合电器"五防"功能应齐全、性能良好。开关柜应装设具有自检功能的带电显示装置，并与接地开关（或临时接地装置）及柜门实现强制闭锁，带电显示装置传感器应三相分别设置。高压开关柜内手车开关拉出后，隔离带电部位的挡板应可靠闭锁。

（5）新、扩建的发、变电工程或主设备经技术改造后，防误闭锁装置应与主设备同时设计、同时安装、同时验收投运。设计阶段应根据选用防误闭锁装置的类型，配置完善的闭锁程序和闭锁部件；闭锁部件的装设和主设备安装同时进行；验收阶段应有运行人员参与，验证闭锁程序的正确，闭锁部件安装牢固可靠，使用方便。

第41条 随意解除闭锁装置，或擅自使用解锁工具（钥匙）

📝 **释义**

（1）正常情况下，防误装置解锁或退出运行。

（2）特殊情况下，防误装置解锁未执行下列规定：

1）若遇危及人身、电网和设备安全等紧急情况需要解锁操作，可由变电运维班当值负责人或发电厂当值值长下令紧急使用解锁工具（钥匙）。

2）防误装置及电气设备出现异常要求解锁操作，应经运维管理部门防误操作装置专责人或运维管理部门指定并经书面公布的人员到现场核实无误并签字后，由变电站运维人员告知当值调控人员，方可使用解锁工具（钥匙），并在运维人员监护下操作。不得使用万能钥匙或一组密码全部解锁等解锁工具（钥匙）。

🔔 **违章举例**（见图2-55、图2-56）

图2-55 未按规定使用防误操作闭锁装置，擅自解锁

图2-56 随意解除闭锁装置，或擅自使用解锁工具（钥匙）

🔑 **预控措施**

（1）防误装置的解锁工具（钥匙）或备用解锁工具（钥匙）、解锁密码必须

有专门的保管和使用制度，内容包括：倒闸操作、检修工作、事故处理、特殊操作和装置异常等情况下的解锁申请、批准、解锁监护、解锁使用记录等解锁规定；防误装置授权密码、解锁工具（钥匙）应使用专用的装置封存，专用装置应具有信息化授权方式。

（2）制订完备的解锁工具（钥匙）管理规定，严格执行防误闭锁装置解锁流程，任何人不得随意解除闭锁装置，禁止擅自使用解锁工具（钥匙）。

（3）加强变电专业防误闭锁装置管理。防误闭锁装置管理不得随意退出运行。停用防误闭锁装置应经设备运维管理单位批准；短时间退出防误闭锁装置应经变电运维班（站）长或发电厂当班值长批准，并应按程序尽快投入运行。

第42条 继电保护、直流控保、稳控装置等定值计算、调试错误，误动、误碰、误（漏）接线

📝 释义

（1）继电保护、直流控保、稳控装置等定值计算、调试错误或版本使用错误。

（2）智能变电站继电保护、合并单元、智能终端等配置文件设置错误。

（3）误动、误碰运行二次回路或误（漏）接线。

（4）在一次设备送电前，未组织检查保护装置（含稳控装置）运行状态，保护装置（含稳控装置）异常告警。

（5）系统一次运行方式变更或在保护装置（含稳控装置）上进行工作时，未按规定变更硬（软）压板、空气开关、操作把手等运行状态。

🔔 违章举例（见图 2-57~ 图 2-60）

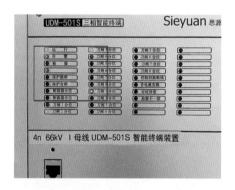

图 2-57　一次设备送电前，未检查 GOOSE 链路中断告警信号

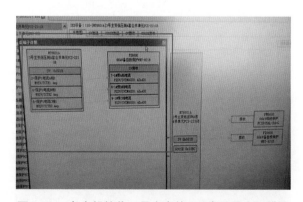

图 2-58　备自投接收 3 号主变的 SV 虚端子定义错误

图 2-59　误拆运行设备
二次回路接线

图 2-60　保护软连接片漏投入

🔑 **预控措施**

（1）规范制定保护装置定值计算管理规定。定值计算应严格执行有关规程、规定，定期交换交界面的整定计算参数和定值，严格执行交界面整定限额。各发电企业和电力用户涉网保护应严格执行调控机构的涉网保护定值限额要求，并将涉网保护定值上报到相应调控机构备案。

（2）相关专业人员在继电保护回路工作时，必须遵守继电保护的有关规定，严禁单人调试，应有专人复查，确保能够及时发现定值的整定错误问题；在调试过程中，应防止连接片虚接，导致保护装置误动作或不动作。

（3）必须进行所有保护整组检查，模拟故障，检查保护与硬（软）连接片的唯一对应关系，避免有寄生回路存在。

（4）按照定值单及调试大纲所列调试要求逐项对继电保护及稳控装置进行调试，确保调试质量。

（5）及时根据线路参数变化及运行方式调整对定值进行重新整定。依据电网结构和继电保护配置情况，按相关规定及时进行继电保护的整定计算。

（6）严格执行二次工作安全措施票，做到执行、恢复有专人监护，并执行复诵制度，以防止误动、误碰、误（漏）接线的情况发生。

第43条　在运行站内使用吊车、高空作业车、挖掘机等大型机械开展作业，未经设备运维单位批准即改变施工方案规定的工作内容、工作方式等

释义

（1）在运行站内使用吊车、高空作业车、挖掘机等大型机械开展作业前，施工方案未经设备运维单位批准。

（2）未经设备运维单位批准，擅自改变运行站内吊车、高空作业车、挖掘机等大型机械的工作内容、工作方式等。

违章举例（见图2-61、图2-62）

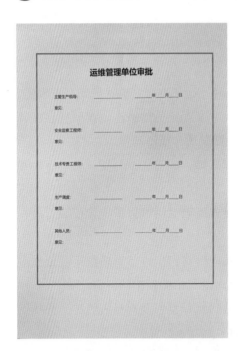

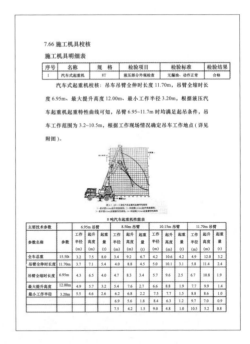

图2-61　在运行站内使用吊车、高空作业车、挖掘机等大型机械开展
作业前，施工方案未经设备运维单位批准

图 2-62　未严格按施工方案中制订的大型施工机械作业内容
进行作业，临时增加工作内容

🔑 **预控措施**

（1）全体作业人员必须严格执行施工方案、安全技术交底，并按规定在交底书上确认签字。施工过程中如需变更施工方案，应经措施审批人同意，监理项目部审核后重新交底。

（2）进入运行站内使用吊车、高空作业车、挖掘机等大型机械开展作业前，施工方案必须经过设备运维单位批准，未经批准禁止开工；未经设备运维单位批准，严禁擅自改变运行站内吊车、高空作业车、挖掘机等大型机械的工作内容、工作方式等。

（3）专责监护人、工作负责人（作业负责人）、到岗到位人员现场要严格履责施工方案并进行安全管控。

第88条 两个及以上专业、单位参与的改造、扩建、检修等综合性作业，未成立由上级单位领导任组长，相关部门、单位参加的现场作业风险管控协调组；现场作业风险管控协调组未常驻现场督导和协调风险管控工作

释义

（1）涉及多专业、多单位或多专业综合性的二级及以上风险作业，上级单位未成立由副总工程师以上领导担任负责人、相关单位或专业部门负责人参加的现场作业风险管控协调组。

（2）作业实施期间，现场作业风险管控协调组未常驻作业现场督导协调；未每日召开例会分析部署风险管控工作；未组织检查施工方案及现场风险管控措施落实情况。

违章举例（见图2-63）

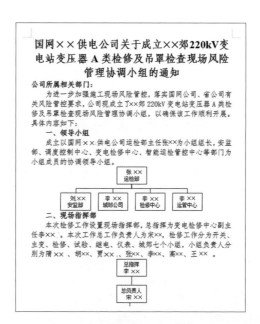

图2-63 二级风险作业，现场作业风险管控协调组组长未由副总工程师及以上领导担任

🔑 预控措施

（1）严格管控涉及两个及以上专业、单位或多专业综合性的二级及以上风险作业，必须成立由上级单位副总工程师以上领导担任负责人、相关单位或专业部门负责人参加的现场作业风险管控协调组。

（2）规范执行风险公示制度，高风险作业由相应级别安监部门汇总后在本层级范围内进行公示；各地市级及工区级单位、作业班组均应在醒目位置张贴作业风险内容。

（3）现场作业风险管控协调小组严格核查施工方案、现场风险管控措施落实情况、日管控例会召开情况。

3 Ⅲ 类严重违章（共 59 条）

第 44 条 承包单位将其承包的工程分包给个人；施工总承包单位或专业承包单位将工程分包给不具备相应资质单位

✏️ **释义**

（1）承包单位与不具备法人代表或授权委托人资质的自然人签订分包合同。

（2）与承包单位签订分包合同的授权委托人无法提供与分包单位签订的劳动合同、未建立劳动工资和社会养老保险关系。

（3）施工总承包单位或专业承包单位将工程分包给不具备相应资质单位（含超资质许可范围）。

🔔 **违章举例**（见图 3-1、图 3-2）

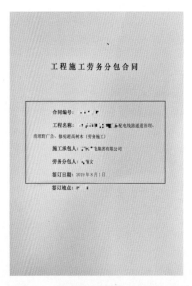

被保险人信息			
合计 18 人，详见被保险人及受益人清			
方案：保障项目及保障金额			
适用条款	保险责任	保险金额（元）	免赔额（元
██ 保险股份有限公司团体意外伤害保险（2022 版）条款	意外伤害残疾	100000	
██ 保险股份有限公司法定传染病疾病身故保险（2022 版）条款	法定传染病疾病身故责任	100000	
██ 保险股份有限公司法定传染病疾病保险（2022 版）条款	法定传染病疾病保险责任	1000	
██ 保险股份有限公司团体意外伤害保险（2022 版）条款	意外伤害身故	100000	
██ 保险股份有限公司附加团体意外伤害医疗保险（2022 版）	意外伤害医疗	20000	
██ 保险股份有限公司附加团体意外伤害住院津贴保险（2022 版）	意外伤害住院津贴	3600	
保险费合计		人民币（大写）：壹仟	

图 3-1 承包单位将其承包的工程分包给个人

图 3-2 承包单位签订分包合同的授权委托人无法提供与分包单位签订的劳动合同、未建立劳动工资和社会养老保险关系

🔑 **预控措施**

（1）加强建管单位履责监督，按照"谁主管、谁负责，管业务必须管安全"原则，建立承发包单位各负其责、业务部门管理、安全监督部门监督的综合管理机制。严查与个人签订承包合同的违章行为。

（2）签订合同时，向施工总承包单位或专业承包单位明确严禁违规分包要求，并明确处罚制度。项目实施前，严格审核分包单位安全资信。

第45条　施工总承包单位将施工总承包合同范围内工程主体结构的施工分包给其他单位，专业分包单位将其承包的专业工程中非劳务作业部分再分包，劳务分包单位将其承包的劳务再分包

📝 **释义**

（1）施工总承包单位将施工总承包合同范围内的工程主体结构（钢结构工程除外）的施工分包给其他单位。

（2）施工总承包单位将组塔架线、电气安装等主体工程和关键性工作分包给其他单位。

（3）专业分包单位将其承包的专业工程中非劳务作业部分再分包。

（4）劳务分包单位将其承包的劳务再分包。

🔔 **违章举例**（见图3-3）

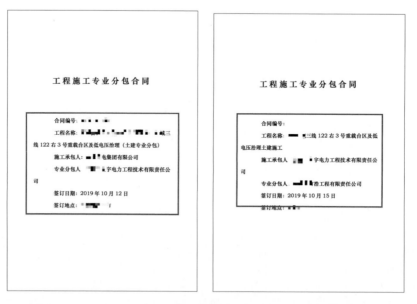

图3-3　专业分包单位将其承包的专业工程中非劳务作业部分再分包

🔑 **预控措施**

（1）承包合同及安全协议必须由发包单位与承包单位双方法定代表人或其授权委托人（提供授权委托书）签订。严禁与非法人单位、不能有效代表承包单位的人员签订承包合同。严禁与个人签订承包合同。

（2）签订合同时，明确劳务外包或劳务分包的承包合同禁止违规转包分包条款，明确承包单位需自行完成劳务作业，承包单位不得再次外包的相关要求。

（3）项目实施中，严格检查、审核业务外包合规性。

第46条　承发包双方未依法签订安全协议，未明确双方应承担的安全责任

📝 **释义**

略。

🔔 **违章举例**（见图 3-4）

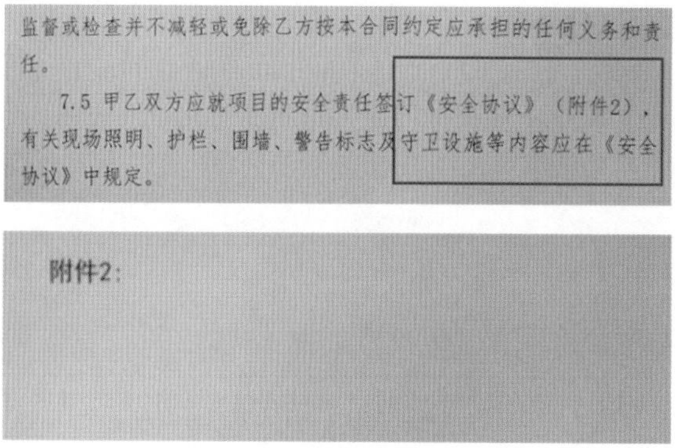

监督或检查并不减轻或免除乙方按本合同约定应承担的任何义务和责任。

7.5 甲乙双方应就项目的安全责任签订《安全协议》（附件2），有关现场照明、护栏、围墙、警告标志及守卫设施等内容应在《安全协议》中规定。

附件2：

图 3-4　施工合同未附安全协议

🔑 **预控措施**

（1）承发包双方签订合同时，要明确工程建设安全工作目标安全考核奖惩措施及双方安全责任归属，双方必须签订安全协议。

（2）安全协议作为合同附件，与合同具有同等效力，必须纳入合同管理。

第 47 条　将高风险作业定级为低风险

📝 释义

三级及以上作业风险定级低于实际风险等级。

🔔 违章举例（见图 3-5）

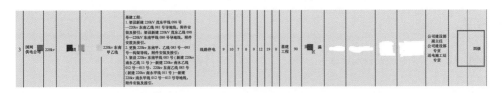

图 3-5　实际应为三级风险作业定级为四级作业风险

🔑 预控措施

（1）作业单位对作业内容开展分析，深入开展现场勘察，辨识作业风险，严格比对风险定级标准确定风险等级，逐级审核签字确认后再向上级部门进行报备。

（2）强化作业风险定级管控。作业风险定级以每日作业计划为单元进行，同一作业计划（日）内包含多个工序、不同等级风险工作时，按就高原则确定。同步开展多维度定级监督检查工作，将线上监督、现场监督、佐证材料监督相结合。

（3）定期召开风险管控工作督查会，审查作业风险定级准确性。

第48条 跨越带电线路展放导（地）线作业，跨越架、封网等安全措施均未采取

📝 **释义**

（1）跨越带电线路展放导（地）线作业，未采取搭设跨越架及封网等措施。

（2）跨越电气化铁路展放导（地）线作业，未采取搭设跨越架及封网等措施。

🔔 **违章举例**（见图 3-6）

图 3-6 跨越带电线路和电气化铁路展（放）导地线，未采取搭设跨越架

🔑 **预控措施**

（1）严格执行现场勘察制度，对跨越带电线路、电气化铁路等展放导（地）线作业存在的风险全面辨识，制订详尽的安全措施，编制完备的施工方案。

（2）重点核查施工方案中跨越带电线路、电气化铁路等作业安全措施制订情况。对安全措施不完备、风险点控制措施没有针对性的施工方案，不予批准。

（3）严格执行经审批通过的施工方案，落实方案中所列的跨越架搭设、封网等安全措施，坚决杜绝方案与执行"两张皮"现象。

第 49 条　违规使用没有"一书一签"（化学品安全技术说明书、化学品安全标签）的危险化学品

📝 **释义**

（1）使用或分装的危险化学品无安全技术说明书及安全标签。

（2）盛装危险化学品的容器在净化处理前，更换原安全标签。

🔔 **违章举例**（见图 3-7）

图 3-7　违规使用没有"一书一签"或标签无法辨识的危险化学品

🔑 **预控措施**

（1）强化"一书一签"管理。危险化学品在采购或接收入库时，供应商必须提供相应的安全技术说明书，同时检查危险化学品上是否有安全标签，禁止接收没有"一书一签"的危险化学品入库。

（2）危险化学品需要转移或分装时，应在转移或分装后的容器上粘贴符合要求的安全标签。

（3）盛装危险化学品的容器在未净化处理前，不得更换原安全标签。

（4）应对危险化学品建立统一的台账，安全技术说明书应专人保管。

第50条 现场规程没有每年进行一次复查、修订并书面通知有关人员；不需修订的情况下，未由复查人、审核人、批准人签署"可以继续执行"的书面文件并通知有关人员

释义

（1）现场规程没有每年进行一次复查、修订并书面通知设备运维人员。

（2）现场规程不需修订的情况下，未由复查人、审核人、批准人签署"可以继续执行"的书面文件并通知设备运维人员。

（3）设备系统变动时，未在投运前对现场规程进行补充或对有关条文进行修订并通知设备运维人员。

违章举例（见图3-8）

图3-8 2022年仍执行2020年运行规程，没有每年进行一次复查、修订

预控措施

（1）新建（改、扩建）投运前一周应具备经审批的现场运行规程，之后每年应进行一次复审、修订，每五年进行一次全面的修订、审核并印发。

（2）现场运行规程每年进行一次复审，由各级运检部门组织，审查流程参照编制流程执行。不需修订的应在现场运行规程编制（修订）审批表中出具"不需修订，可以继续执行"的意见，并经各级分管领导签发执行。

第51条 现场作业人员未经安全准入考试并合格；新进、转岗和离岗3个月以上电气作业人员，未经专门安全教育培训，并经考试合格上岗

📝 释义

（1）现场作业人员在安全风险管控监督平台中,无有效期内的准入合格记录。

（2）新进、转岗和离岗3个月以上电气作业人员，未经安全教育培训，并经考试合格上岗。

🔔 违章举例（见图3-9）

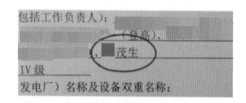

图3-9 工作人员查询不到准入信息

🔑 预控措施

（1）严格落实"管住人员"工作要求，"人员准入"信息核实应纳入开工前准备工作要点，杜绝未经准入人员进入工作现场。

（2）常态维护安全风险管控监督平台中现场作业人员信息，确保人员准入信息合格有效。

（3）新进、转岗和离岗3个月以上电气作业人员，应经安全教育培训，并经考试合格上岗。

第 52 条 不具备"三种人"资格的人员担任工作票签发人、工作负责人或许可人

释义

地市级或县级单位每年未对工作票签发人、工作负责人、工作许可人进行培训考试，合格后书面公布"三种人"名单。

违章举例（见图 3-10）

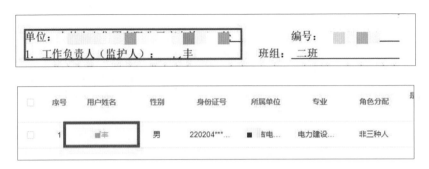

图 3-10 工作负责人在风险监督平台中查询为"非三种人"

预控措施

（1）加强"三种人"管理。设备运维管理单位所属的各检修公司（工区）、分公司、供电中心、县供电公司、检修中心（分部）、发电厂等单位，应于年初以书面形式，将本单位工作票签发人、工作负责人、工作许可人名单报地市供电公司级单位安全监察部门［应明确单位、范围、专业，包括电力电缆、架空输电线路无人机巡检、发电厂水力机械、风电、动火工作和调度（调控）线路许可人］，经地市供电公司级单位安全监察部门资格审核且权限考试合格、分管生产领导（或总工程师）批准后，以正式文件公布，并及时下发至有关生产单位和班组。

（2）规范临时增设"三种人"权限管理。若因工作需要或人员发生变动，地市供电公司级单位安全监督部门根据县供电公司级单位的申请，可经资格审核且权限考试合格、分管生产领导（或总工程师）批准后，进行动态调整，并以正式文件公布。

（3）应及时在风险监督平台上更新人员上岗资格，确保与"三种人"资格文件一致。使用工作任务单时，小组负责人应具备工作负责人资格。

（4）作业现场发现不具备"三种人"资格的人员，应立即制止其担任工作票签发人、工作负责人或许可人。

第53条 特种设备作业人员、特种作业人员、危险化学品从业人员未依法取得资格证书

📝 **释义**

（1）涉及生命安全、危险性较大的锅炉、压力容器（含气瓶）、压力管道、电梯、起重机械、客运索道和场（厂）内专用机动车辆等特种设备作业人员，未依据《特种设备作业人员监督管理办法》（国家质量监督检验检疫总局令第140号）从特种设备安全监督管理部门取得特种作业人员证书。

（2）高（低）压电工、焊接与热切割作业、高处作业、危险化学品安全作业等特种作业人员，未依据《特种作业人员安全技术培训考核管理规定》（国家安全生产监督管理总局令第30号）从应急管理部、住房和城乡建设部等部门取得特种作业操作资格证书。

（3）特种设备作业人员、特种作业人员、危险化学品从业人员资格证书未按期复审。

🔔 **违章举例**（见图3-11、图3-12）

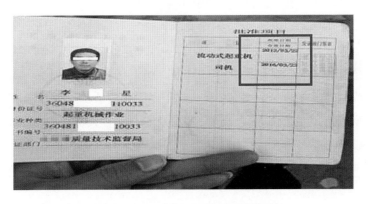

图3-11 特种作业证件未按期复审

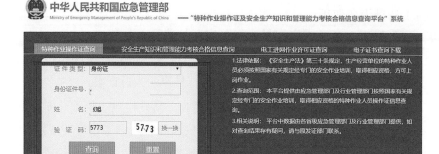

图 3-12　现场焊接作业人员无特种作业操作证

🔑 **预控措施**

（1）特种设备作业人员、特种作业人员、危险化学品从业人员应依法依规从相应管理部门取得资质证书并按期复审。

（2）严格落实"管住人员"工作要求，强化对特种设备作业人员、特种作业人员、危险化学品从业人员资质管理。重点检查风险监督平台中特种设备作业人员、特种作业人员、危险化学品从业人员资格证书是否上传、是否真实有效、是否按期复审等情况，确保相应人员具备合格资质。

（3）现场监理和管理人员、到岗到位及安全督查人员应履职尽责，加强对现场特种设备作业人员、特种作业人员、危险化学品从业人员资质的核查。

第 54 条　特种设备未依法取得使用登记证书、未经定期检验或检验不合格

释义

（1）特种设备使用单位未向特种设备安全监督管理部门办理使用登记，未取得使用登记证书。

（2）特种设备超期未检验或检验不合格。

违章举例（见图 3-13、图 3-14）

中华人民共和国
特种设备生产许可证
Production License of Special Equipment
People's Republic of China

编号：

单位名称：物业服务有限公司
住　　所：
办公地址：

经审查，获准从事以下特种设备生产活动：

许可项目	许可子项目	许可参数	备注
电梯安装（含修理）	曳引驱动乘客电梯（含消防员电梯）	V≤ 2.5m/s	/
电梯安装（含修理）	曳引驱动载货电梯和强制驱动载货电梯（含防爆电梯中的载货电梯）	—	/
电梯安装（含修理）	自动扶梯与自动人行道	—	/
电梯安装（含修理）	杂物电梯（含防爆电梯中的杂物电梯）	—	/

审批机关：江苏省市场监督管理局　　发证机关：
有效期至：2024 年 11 月 17 日　　发证日期：2020 年 11 月 18 日

江苏省市场监督管理局制

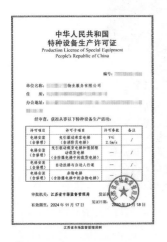

图 3-13　错用厂家特种设备生产许可证代替特种设备使用登记证

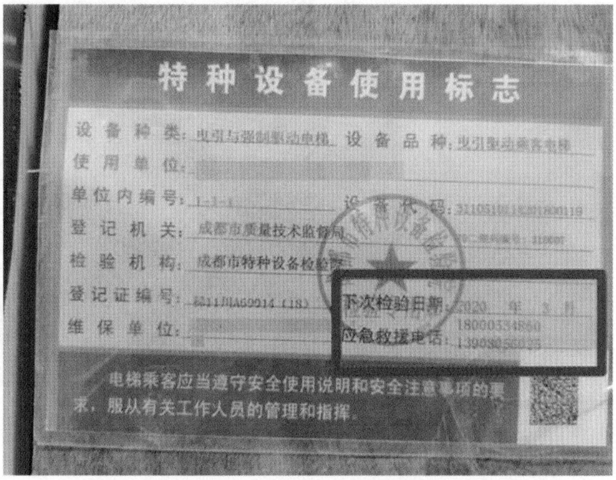

图 3-14　特种设备超期未检

预控措施

（1）特种设备要按照规定到产权单位所在地登记部门办理使用登记，取得使用登记证书。登记证书需报本单位安全监督部门备案。登记标志应置于显著位置。

（2）检查特种设备登记证书是否完备，有无超检验期使用现象。

（3）特种设备入场报审表审批合格，规格型号等信息完备，相关审批人员均履责审核并签字。

（4）特种设备登记证书应同步纳入风险监督平台中管理，未上传证书及证书超期的及时通知补传。

第55条　自制施工工器具未经检测试验合格

释义

自制或改造起重滑车、卸扣、切割机、液压工器具、手扳（链条）葫芦、卡线器、吊篮等工器具，未经有资质的第三方检验机构检测试验，无试验合格证或试验合格报告。

违章举例（见图 3-15）

图 3-15　现场使用自制吊篮未经检测，无试验合格证或试验合格报告

预控措施

（1）严格执行《架空输电线路施工机具基本技术要求》（DL/T 875 — 2016）的规定对自制、改装、经过大修或技术改造机具进行试验，还应经有资质的第三方检验机构检测试验鉴定合格后方可使用。

（2）未经有资质的第三方检验机构检测试验鉴定合格并粘贴试验合格证的自制、改装、经过大修或技术改造施工工器具、机具，禁止进入作业现场、生产场所。

（3）定期检查自制、改装、经过大修或技术改造施工工器具、机具，全面核查其试验报告和试验合格证是否完备。

第56条　金属封闭式开关设备未按照国家、行业标准设计制造压力释放通道

✏️ **释义**

（1）开关柜各高压隔室未安装泄压通道或压力释放装置。

（2）开关柜泄压通道或压力释放装置不符合国家、行业标准要求。

🔔 **违章举例（见图3-16）**

图 3-16　开关无泄压通道

🔑 **预控措施**

（1）设备到货时应认真组织验收工作，检查泄压通道或压力释放装置。确保与设计图纸保持一致。对泄压通道的安装方式进行检查，应满足安全运行要求。禁止使用未按照国家、行业标准设计制造压力释放通道的金属封闭式开关设备。

（2）设备运行维护中，制订开关柜泄压通道或压力释放装置排查制度。当开关柜内产生内部故障电弧时压力释放装置应能可靠打开，压力释放方向应避开巡视通道和其他设备。

第57条　设备无双重名称，或名称及编号不唯一、不正确、不清晰

📝 **释义**

（1）设备无双重名称。

（2）线路无名称及杆号，同塔多回线路无双重称号。

（3）设备名称及编号、线路名称或双重称号不唯一、不正确、无法辨认。

🔔 **违章举例**（见图 3-17、图 3-18）

图 3-17　设备名称不清晰、无法辨认

图 3-18　无线路名称、杆号

🔑 **预控措施**

（1）加强设备巡视管理，对设备标识掉落、破损、掉色等问题立即进行处理，确保线路杆塔、变配电设备标识清晰、准确、唯一。

（2）加强输变电工程管理。新（改、扩）建线路、变电站、设备间隔时，在生产准备阶段，做好设备标识制作、安装，确保在设备投运、送电前，标识内容清晰、齐全、准确。

（3）加强待用间隔（母线连接排、引线已接上母线的备用间隔）、待用线路管理，按照调度命名的名称、编号制作、安装标识牌。

（4）确保所有设备名称符合命名标准。

（5）水电厂设备运维时，确保设备有明显的标志，包括名称、编号、转动方向和切换位置的指示以及区别油、水、气等管道的色标、流向等。

（6）作业人员在对检修设备操作前应仔细核对设备的双重名称及设备编号。

第58条　高压配电装置带电部分对地距离不满足且未采取措施

📝 **释义**

（1）配电站、开关站户外高压配电装置的裸露（含绝缘包裹）导电部分跨越人行过道或作业区时，对地高度不满足安全距离要求且底部和两侧未装设护网。

（2）户内高压配电装置的裸露（含绝缘包裹）导电部分对地高度不满足安全距离要求且底部和两侧未装设护网。

🔔 **违章举例**（见图 3-19、图 3-20）

图 3-19　户外高压配电设备对地高度不满足安全距离要求且底部和两侧未装设护网

图 3-20　户内高压配电设备对地高度不满足安全距离要求且底部和两侧未装设护网

🔑 **预控措施**

（1）配电站、开关站户外高压配电线路、设备的裸露部分在跨越人行过道或作业区时，若导电部分对地高度分别小于 2.7、2.8m，该裸露部分底部和两侧应装设护网。户内高压配电设备的裸露导电部分对地高度小于 2.5m 时，该裸露部分底部和两侧应装设护网。

（2）定期开展巡视，对高压配电装置带电部分对地距离不满足要求的，及时纳入隐患库、缺陷台账并整改。

第 59 条 电化学储能电站电池管理系统、消防灭火系统、可燃气体报警装置、通风装置未达到设计要求或故障失效

📝 **释义**

（1）电化学储能电站电池管理系统选型与储能电池性能不匹配或故障失效，不能检测电池的运行状态。

（2）电化学储能电站消防给水系统的设计不符合《电化学储能电站设计规范》（GB 51048）有关规定，或故障失效。

（3）电化学储能电站灭火器配置不符合《建筑灭火器配置设计规范》（GB 50140）有关规定，或故障失效。

（4）电化学储能电站建筑防火设计不符合《电化学储能电站设计规范》（GB 51048）有关规定，或故障失效。

（5）电化学储能电站内火灾探测及消防报警的设计不符合《火灾自动报警系统设计规范》（GB 50116）有关规定，或故障失效。

（6）电化学储能电站的通风与空气调节设计不符合《采暖通风与空气调节设计规范》（GB 50019）及《建筑设计防火规范》（GB 50016）规定，或故障失效。

🔔 **违章举例**（见图 3-21）

图 3-21 电化学储能电站通风装置未达到设计要求、消防灭火系统故障导致火灾事故

🔑 **预控措施**

（1）加强电化学储能电站电池管理系统检查。重点检查数据采集、估算、电能量统计、控制、保护、通信、故障诊断、数据存储、显示、绝缘电阻检测、对时及本地升级的功能，实现对全部电池运行状态的监测、控制和管理。电池管理系统的设备选型要与储能电池性能相匹配。

（2）电化学储能电站消防设计应根据电站的不同规模、各类电池不同特性采取相应的消防措施，并配置完善的消防设施，要求严禁占用消防逃生通道和消防车通道。火灾自动报警、固定灭火、防烟排烟等各类消防系统及灭火器等各类消防器材，应根据相关规范定期进行巡查、检测、检修、保养，并做好检查维保记录，确保消防设施正常运行。

（3）电化学储能电站在灭火器配置场所、类型选择及设置位置等方面要结合建筑灭火器配置有关规定，合理配置灭火器，用于有效扑救初起火灾，减少火灾损失，保护人身和财产安全。

（4）电化学储能电站通风与空气调节设计采取综合预防和治理措施，并应防止生产中产生的有害物质对室内外环境造成污染。

（5）电化学储能电站日常运行要做好电池管理系统、消防灭火系统、可燃气体报警装置、通风装置检查维护，确保以上设备运行良好。

第 60 条 网络边界未按要求部署安全防护设备并定期进行特征库升级

📝 **释义**

（1）管理信息内网与外网之间、管理信息大区与生产控制大区之间的边界未采用国家电网有限公司认可的隔离装置进行安全隔离。

（2）安全防护设备未定期进行特征库升级，未及时调整安全防护策略。

🔔 **违章举例**（见图 3-22、图 3-23）

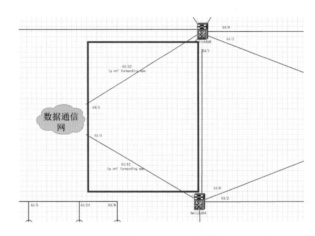

图 3-22 网络边界未按照要求部署安全防护设备

图 3-23 特征库升级未定期升级

🔑 **预控措施**

（1）网络边界部署安全防护设备应定期进行特征库升级工作，按照"谁管理、谁负责"的原则实行分层分级管理。建立并完善工作机制，严格开展网络边界安全防护设备部署、特征库定期升级全过程管控工作，并纳入风险管控系统流程。

（2）各级专业管理部门对部署安全防护设备、定期进行特征库升级工作开展评价，制订并执行相应的奖惩制度。

第61条　高边坡施工未按要求设置安全防护设施；对不良地质构造的高边坡，未按设计要求采取锚喷或加固等支护措施

📝 释义

（1）高边坡上下层垂直交叉作业，中间未设置隔离防护棚或安全防护拦截网，并明确专人监护。

（2）高边坡作业时未设置防护栏杆并系安全带。

（3）开挖深度较大的坡（壁）面，每下降5m未进行一次清坡、测量、检查；对断层、裂隙、破碎带等不良地质构造的高边坡，未按设计要求采取锚喷或加固等支护措施。

🔔 违章举例（见图3-24、图3-25）

图3-24　高边坡施工未按要求设置固定围栏

图3-25　高边坡作业未采取
防塌方安全防护措施

🔑 预控措施

（1）强化高边坡作业施工方案（含安全技术措施）编制、审核及工作票、作业票危险点控制措施填制。

（2）召开每日站班会（班前会）时，对当日作业危险点进行复核，并提示

作业人员、监护人在作业过程中严格落实相关措施。

（3）作业前和作业过程中，工作负责人、监护人、监理人员、到岗到位人员认真检查高边坡施工安全防护措施落实情况。

（4）高边坡上下层垂直交叉作业中间应设置隔离防护棚或安全防护拦截网，并明确专人监护。高边坡作业时应设置防护栏杆，作业人员应系安全带。开挖深度较大的坡（壁）面，每下降5m应进行一次清坡、测量、检查；对断层、裂隙、破碎带等不良地质构造的高边坡，应按设计要求采取锚喷或加固等支护措施。

第62条 平衡挂线时，在同一相邻耐张段的同相导线上进行其他作业

释义

平衡挂线时，在同一相邻耐张段的同相（极）导线上进行其他作业。

违章举例（见图3-26）

图3-26 平衡挂线时，在同一相邻耐张段的同相（极）导线上进行其他作业

预控措施

（1）细致分析平衡挂线作业任务风险点，严格审查施工方案、工作票中危险点控制措施是否正确完备（含对同一相邻耐张段的同相导线上进行其他作业危险点管控措施的针对性制订）。

（2）加强作业现场管控，统筹安排施工时序，平衡挂线时，严禁在同一相邻耐张段的同相导线上进行其他作业。

第63条　未经批准，擅自将自动灭火装置、火灾自动报警装置退出运行

📝 **释义**

未经本单位消防安全责任人（法人单位的法定代表人或者非法人单位的主要负责人）批准，擅自将自动灭火装置、火灾自动报警装置退出运行。

🔔 **违章举例**（见图 3-27）

图 3-27　未经批准，擅自将自动灭火装置、火灾自动报警装置退出运行

🔑 **预控措施**

（1）任何单位和个人严禁擅自关停变电站消防设备设施。巡视、维护保养、检测时发现隐患或缺陷，应根据情况及时安排专业人员处理。因故障维修等原因需要暂时停用消防系统的，应有确保消防安全的有效措施，并经本单位消防安全责任人批准。

（2）加强消防巡视及隐患排查，对自动灭火装置、火灾自动报警装置等消防设施、器材配置情况、运行状态进行检查，及时消除不安全状态。

（3）加强消防维保、检测，应通过消防技术服务机构对消防设备设施维保、检测等技术服务，确保消防设备设施正常运行。

第64条 票面（包括作业票、工作票及分票、动火票等）缺少工作负责人、工作班成员签字等关键内容

📝 释义

（1）工作票（包括作业票、动火票等）票种使用错误。

（2）工作票（含分票、工作任务单、动火票等）票面缺少工作许可人、工作负责人、工作票签发人、工作班成员（含新增人员）等签字信息；作业票缺少审核人、签发人、作业人员（含新增人员）等签字信息。

（3）工作票（含分票、工作任务单、动火票等）票面线路名称（含同杆多回线路双重称号）、设备双重名称填写错误；作业中工作票延期、工作负责人变更、作业人员变动等未在票面上准确记录。

（4）工作票（含分票、工作任务单、动火票、作业票等）票面防触电、防高坠、防倒（断）杆、防窒息等重要安全技术措施遗漏或错误。

（5）操作票票面发令人、受令人、操作人员、监护人员等漏填或漏签。操作设备双重名称，拉合断路器、隔离开关的顺序以及位置检查、验电、装拆接地线（拉合接地刀闸）、投退保护压板（软压板）等关键内容遗漏或错误；操作确认记录漏项、跳项。

（6）操作票发令、操作开始、操作结束时间以及工作票（含分票、工作任务单、动火票、作业票等）签发、许可、计划开工、结束时间存在逻辑错误或与实际不符。

（7）票面（包括作业票、工作票及分票、动火票、操作票等）双重名称、编号或时间涂改。

🔔 **违章举例**（见图3-28~图3-34）

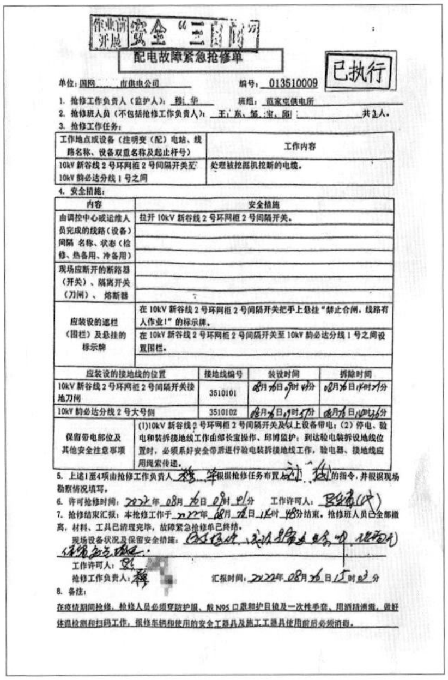

图3-28　非连续抢修作业，使用事故应急抢修单，未使用第一种工作票

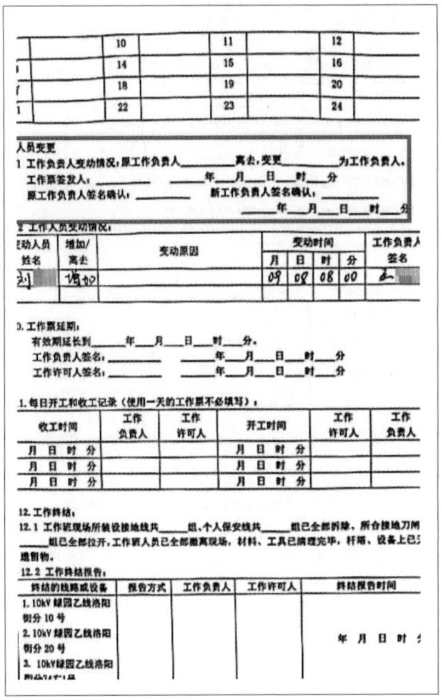

图3-29　新迁入工作班成员未在交底栏中签字

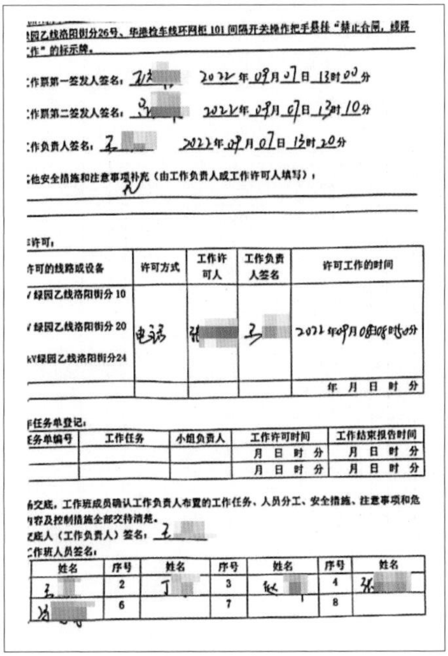

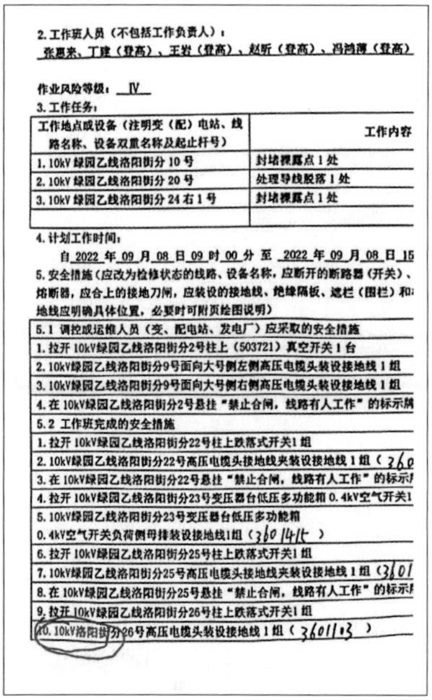

2.工作班人员（不包括工作负责人）：

张惠来、丁建（登高）、王岩（登高）、赵昕（登高）、冯鸿薄（登高）

作业风险等级：IV

3.工作任务：

工作地点或设备（注明变（配）电站、线路名称、设备双重名称及起止杆号）	工作内容
1.10kV绿园乙线洛阳街分10号	封堵裸露点1处
2.10kV绿园乙线洛阳街分20号	处理导线脱落1处
3.10kV绿园乙线洛阳街分24右1号	封堵裸露点1处

4.计划工作时间：

自 2022 年 09 月 08 日 09 时 00 分 至 2022 年 09 月 08 日 15

5.安全措施（应改为检修状态的线路、设备名称，应断开的断路器（开关）、熔断器，应合上的接地刀闸，应装设的接地线、绝缘隔板、遮栏（围栏）和地线应明确具体位置，必要时可附页绘图说明）

5.1 调控或运维人员（变、配电站、发电厂）应采取的安全措施
1.拉开10kV绿园乙线洛阳街分2号柱上（503721）真空开关1台
2.10kV绿园乙线洛阳街分9号面向大号侧左侧高压电缆头装设接地线1组
3.10kV绿园乙线洛阳街分9号面向大号侧右侧高压电缆头装设接地线1组
4.在10kV绿园乙线洛阳街分2号悬挂"禁止合闸，线路有人工作"的标示牌
5.2 工作班完成的安全措施
1.拉开10kV绿园乙线洛阳街分22号柱上跌落式开关1组
2.10kV绿园乙线洛阳街分22号高压电缆头接地线夹装设接地线1组（360
3.在10kV绿园乙线洛阳街分22号悬挂"禁止合闸，线路有人工作"的标示
4.拉开10kV绿园乙线洛阳街分23号变压器台低压多功能箱0.4kV空气开关1
5.10kV绿园乙线洛阳街分23号变压器台低压多功能箱0.4kV空气开关负荷侧母排装设接地线1组（3601416）
6.拉开10kV绿园乙线洛阳街分25号柱上跌落式开关1组
7.10kV绿园乙线洛阳街分25号高压电缆头接地线夹装设接地线1组（3601
8.在10kV绿园乙线洛阳街分25号悬挂"禁止合闸，线路有人工作"的标示
9.拉开10kV绿园乙线洛阳街分26号柱上跌落式开关1组
10.10kV洛阳街分26号高压电缆头装设接地线1组（3601113）

图 3-30　工作票未填写设备双重名称

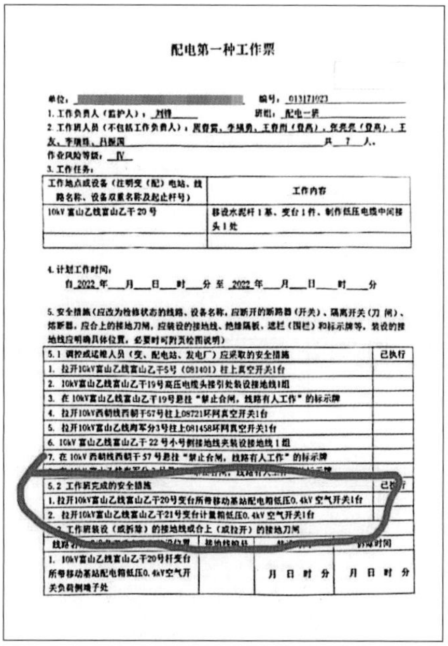

配电第一种工作票

单位：[redacted]　编号：013171023

1.工作负责人（监护人）：刘锋　班组：配电一班

2.工作班人员（不包括工作负责人）：周春雷、李城勇、王春雨（登高）、张亮亮（登高）、王友、李琪珠、吕振国　共 7 人。

作业风险等级：IV

3.工作任务：

工作地点或设备（注明变（配）电站、线路名称、设备双重名称及起止杆号）	工作内容
10kV富山乙线富山乙干20号	移设水泥杆1基、变台1件、制作低压电缆中间接头1处

4.计划工作时间：

自 2022 年＿月＿日＿时＿分 至 2022 年＿月＿日＿时＿分

5.安全措施（应改为检修状态的线路、设备名称，应断开的断路器（开关）、隔离开关（刀闸）、熔断器，应合上的接地刀闸，应装设的接地线、绝缘隔板、遮栏（围栏）和标示牌等，装设的接地线应明确具体位置，必要时可附页绘图说明）

5.1 调控或运维人员（变、配电站、发电厂）应采取的安全措施	已执行
1. 拉开10kV富山乙线富山乙干5号（081401）柱上真空开关1台	
2. 10kV富山乙线富山乙干19号高压电缆头搭引处装设接地线1组	
3. 在10kV富山乙线富山乙干19号悬挂"禁止合闸，线路有人工作"的标示牌	
4. 拉开10kV西朝线西朝干57号柱上08721环网真空开关1台	
5. 拉开10kV富山乙线陶军分3号柱上081458环网真空开关1台	
6. 10kV富山乙线富山乙干22号小号侧接地线夹装设接地线1组	
7. 在10kV西朝线西朝干57号悬挂"禁止合闸，线路有人工作"的标示牌	
5.2 工作班完成的安全措施	已执行
1. 拉开10kV富山乙线富山乙干20号变台所带移动基站配电箱低压0.4kV空气开关1台	
2. 拉开10kV富山乙线富山乙干21号变台计量箱低压0.4kV空气开关1台	

5.3 工作班装设（或拆除）的接地线或合上（或拉开）的接地刀闸

线路名称或设备名称及装设位置	接地线编号	装设时间	拆除时间
1. 10kV富山乙线富山乙干20号杆变台所带移动基站配电箱低压0.4kV空气开关负荷侧端子处		月 日 时 分	月 日 时 分

图 3-31　工作票中缺少装设接地线措施

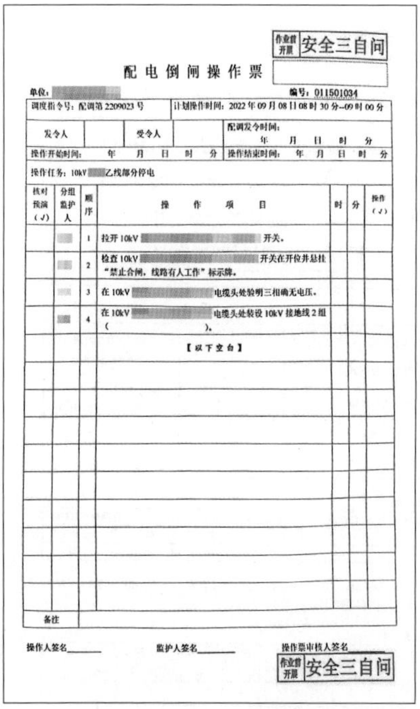

作业前开票　安全三自问

配电倒闸操作票

单位：[redacted]　编号：011501034

调度指令号：配调第2209023号				计划操作时间：2022年09月08日08时30分--09时00分
发令人		受令人		配调发令时间：年 月 日 时 分
操作开始时间：年 月 日 时 分				操作结束时间：年 月 日 时 分

操作任务：10kV[redacted]乙线部分停电

核对预演（√）	分组监护人	顺序	操作项目	时	分	操作（√）
	[redacted]	1	拉开10kV[redacted]开关。			
	[redacted]	2	检查10kV[redacted]开关在开位并悬挂"禁止合闸，线路有人工作"标示牌。			
	[redacted]	3	在10kV[redacted]电缆头处验明三相确无电压。			
	[redacted]	4	在10kV[redacted]电缆头处装设10kV接地线2组（　）。			
			【以下空白】			
备注						

操作人签名＿＿　监护人签名＿＿　操作票审核人签名＿＿

作业前开票　安全三自问

图 3-32　操作票中缺少检查开关在开位项目

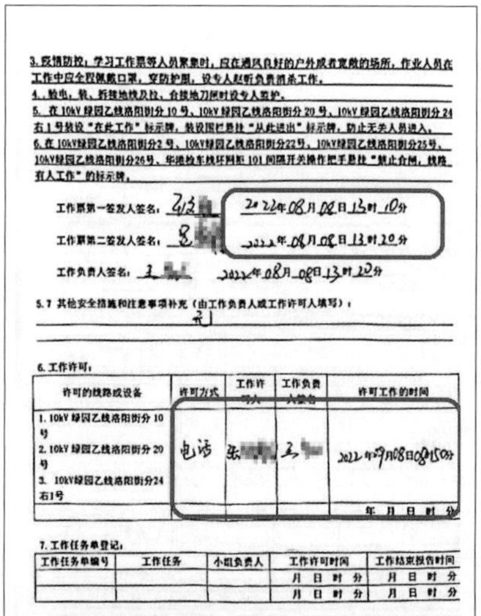

3.疫情防控：学习工作票等人员聚集时，应在通风良好的户外或者宽敞的场所，作业人员在工作中应全程佩戴口罩，穿防护服，设专人赵昕负责消杀工作。

4.验电、装、拆接地线及拉、合接地刀闸时设专人监护。

5.在10kV绿园乙线洛阳街分10号、10kV绿园乙线洛阳街分20号、10kV绿园乙线洛阳街分24右1号装设"在此工作"标示牌，装设围栏悬挂"从此进出"标示牌，防止无关人员进入。

6.在10kV绿园乙线洛阳街分2号、10kV绿园乙线洛阳街分22号、10kV绿园乙线洛阳街分25号、10kV绿园乙线洛阳街分26号、华德检车线环网柜101间隔开关操作把手悬挂"禁止合闸，线路有人工作"的标示牌。

工作票第一签发人签名：[redacted]　2022年08月08日13时10分

工作票第二签发人签名：[redacted]　2022年08月08日13时20分

工作负责人签名：[redacted]　2022年08月08日13时20分

5.7 其他安全措施和注意事项补充（由工作负责人或工作许可人填写）：

无

6.工作许可：

许可的线路或设备	许可方式	工作许可人	工作负责人签名	许可工作的时间
1.10kV绿园乙线洛阳街分10号 2.10kV绿园乙线洛阳街分20号 3.10kV绿园乙线洛阳街分24右1号	电话	[redacted]	[redacted]	2022年09月08日08时15分
				年 月 日 时 分

7.工作任务单登记：

工作任务单编号	工作任务	小组负责人	工作许可时间	工作结束报告时间
			月 日 时 分	月 日 时 分
			月 日 时 分	月 日 时 分

8.现场交底，工作班成员确认工作负责人布置的工作任务、人员分工、安全措施、注意事项和危险点内容及控制措施全部交待清楚。

交底人（工作负责人）签名：[redacted]

工作班人员签名：

序号	姓名	序号	姓名	序号	姓名	序号	姓名
1	[redacted]	2	[redacted]	3	[redacted]	4	[redacted]
5	[redacted]	6		7		8	

图 3-33　工作票签发时间晚于许可时间，存在逻辑错误

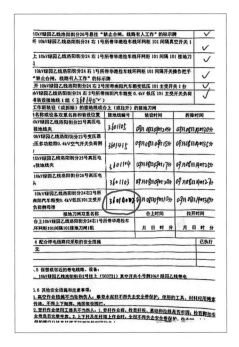

图 3-34　工作票中接地线编号涂改

🔑 **预控措施**

（1）严格按照《国家电网公司电力安全工作规程》规定，认真填用各种工作票，严禁错误使用工作票种类进行作业。

（2）工作票的"签名"栏应由相关人员本人亲自签名，手签应清晰工整。如相关人员不在场时，可通过电话录音等方式确认、办理，允许规定的人员代替填写姓名，代签名时在所代签姓名后加括号，内写"代"字。

（3）许可前，到岗到位人员、监理人员、工作票签发人、工作负责人（监护人）、工作许可人负责检查工作票相关人员签名是否齐全，线路名称、设备双重名称是否正确，安全措施是否正确完备，是否符合现场实际条件，工作票签发、许可、计划开工、结束时间是否存在逻辑错误，工作票编号或时间等关键信息是否涂改。

（4）开工前，工作负责人（小组负责人）与工作班成员要严格履行交底签名确认手续，到岗到位人员、监理人员负责监督交底签名确认手续执行。

（5）如确需变更工作负责人，应经工作票签发人同意，并通知工作许可人，变动情况记录在工作票上。

（6）如需办理延期手续，应在计划工作时间尚未结束以前，由工作负责人向工作许可人提出申请（属于调控中心管辖、许可的检修设备，还应通过值班调控人员批准），由工作许可人给予办理，延期情况记录在工作票上。

（7）如需变更工作班成员，应经工作负责人同意，变动情况记录在工作票上。

（8）召开班前会时，检查操作票设备双重名称，拉合断路器、隔离开关的顺序以及位置检查、验电、装拆接地线（拉合接地刀闸）、投退保护连接片（软连接片）等关键内容是否遗漏或错误，提示严禁操作票票面发令人、受令人、操作人员、监护人员等漏填或漏签。

（9）工作过程中，到岗到位人员监督工作监护人、操作人员严禁漏项、跳项操作，每操作完一项，在操作票对应项画√记录；到岗到位人员、值班负责人、工作监护人负责检查操作票发令、操作开始、操作结束时间是否存在逻辑错误或与实际不符。

第65条 重要工序、关键环节作业未按施工方案或规定程序开展作业；作业人员未经批准擅自改变已设置的安全措施

释义

（1）电网建设工程施工重要工序及关键环节未按施工方案中作业方法、标准或规定程序开展作业。

（2）电网生产高风险作业工序〔《国家电网有限公司关于进一步加强生产现场作业风险管控工作的通知》（国家电网设备〔2022〕89号）各专业"检修工序风险库"〕及关键环节未按方案中作业方法、标准或规定程序开展作业。

（3）二级及以上水电作业风险工序未按方案落实预控措施。

（4）未经工作负责人和工作许可人双方批准，擅自变更安全措施。

违章举例（见图3-35、图3-36）

图3-35 方案要求跨越架应设羊角杆，现场实际未装设

图3-36 作业人员擅自移开安全围栏

预控措施

（1）严格施工方案编审且在开工前上传风险监督平台。

（2）重要工序、关键环节严格按照施工方案落实安全管控措施。工作负责

人、监理人员、到岗到位人员等现场关键人员要对施工全过程安全措施落实情况进行管控。

（3）监督检查人员以施工方案落实情况为主题，开展相关检查。

第 66 条　货运索道超载使用

📝 **释义**

略。

🔔 **违章举例**（见图 3-37）

图 3-37　货运索道超载使用

🔑 **预控措施**

（1）索道的运行应严格遵守《货运架空索道安全规范》（GB 12141 — 2008）《架空索道工程技术标准》（GB 50127 — 2020）《电力建设安全工作规程　第 2 部分：架空电力线路》（DL 5009.2 — 2019）等相关规程规定。

（2）加强索道操作人员安全交底和安全技能培训。

（3）在索道操作地点醒目处张贴索道安全起动操作要点及注意事项。

（4）严格按照索道额定载重量装运物件，装运前应核实装运物件重量。索道运行过程中下方严禁站人。安排专人对索道下方及绑扎点进行检查。

第67条 作业人员擅自穿、跨越安全围栏、安全警戒线

📝 释义

作业人员擅自穿、跨越隔离检修设备与运行设备的遮栏（围栏）、高压试验现场围栏（安全警戒线）、人工挖孔基础作业孔口围栏等。

🔔 违章举例（见图3-38、图3-39）

图3-38 作业现场有人员擅自穿越安全遮栏   图3-39 作业人员擅自跨越设备围栏

🔑 预控措施

（1）强化现场勘察，结合作业任务和作业环境合理设置安全围栏，任何人员不得擅自穿、跨越隔离检修设备与运行设备的遮栏（围栏）、高压试验现场围栏（安全警戒线）、人工挖孔基础作业孔口围栏等。

（2）工作负责人、专责监护人、监理人员、到岗到位人员应加强施工全过程安全管控，及时制止现场人员擅自穿、跨越安全围栏、安全警戒线等不安全行为。

第68条 起吊或牵引过程中，受力钢丝绳周围、上下方、内角侧和起吊物下面，有人逗留或通过

📝 释义

（1）起重机在吊装过程中，受力钢丝绳周围或起吊物下方有人逗留或通过。

（2）绞磨机、牵引机、张力机等受力钢丝绳周围、上下方、内角侧等受力侧有人逗留或通过。

🔔 违章举例（见图 3-40、图 3-41）

图 3-40 吊臂下方有人通过　　　　　图 3-41 钢丝绳受力内角侧有人逗留通行

🔑 预控措施

（1）作业前，工作负责人开展安全交底，确保作业人员了解掌握机动绞磨、起重机、牵张机等作业风险点及管控措施。

（2）作业过程中，工作负责人、专责监护人、监理人员、到岗到位人员切实履行安全责任，密切关注作业现场人员站位，及时提醒相关人员不得在受力钢丝绳周围、上下方、内角侧等受力侧或起吊物下方逗留或通过。

（3）建议选用磷化涂层钢丝绳，并按照相关标准对钢丝绳进行保养维护。

第69条 使用金具U形环代替卸扣，使用普通材料的螺栓取代卸扣销轴

📝 **释义**

（1）起吊作业使用金具U形环代替卸扣。

（2）使用普通材料的螺栓取代卸扣销轴。

🔔 **违章举例**（见图3-42、图3-43）

图3-42 起吊作业时使用金 具U形环代替卸扣

图3-43 起吊作业时使用螺 钉取代卸扣销轴

🔑 **预控措施**

（1）加强施工机具材料进场报审、检查核验，确保进场设备机具、材料工具数量级规格与施工方案内容相符，坚决杜绝使用金具U形环代替卸扣情况。

（2）作业前，工作负责人、相关管理人员再次确认卸扣使用需求、使用地点和部位。

（3）作业过程中使用卸扣不得超出额定负载，避免安全隐患。

（4）为防止卸扣横向受力，在连接绳索或吊环时，应将其中一根套在横销上，另一根套在弯环上，不准分别套在卸扣的两个直段上面。

（5）起吊作业进行完毕后，要及时卸下卸扣，并将横销插入弯环内，上好丝扣，以保证卸扣完整。

第70条 放线区段有跨越、平行输电线路时，导（地）线或牵引绳未采取接地措施

释义

（1）放线区段有跨越、平行带电线路时，牵引机及张力机出线端的导（地）线及牵引绳上未安装接地滑车。

（2）跨越不停电线路时，跨越档两端的导线未接地。

（3）紧线作业区段内有跨越、平行带电线路时，作业点两侧未可靠接地。

违章举例（见图3-44、图3-45）

图3-44 跨越不停电线路两 端杆塔未装设接地滑车

图3-45 跨越带电线路时，跨越档两端 的导线未接地

预控措施

（1）严格执行现场勘察制度，全面掌握放线区段内跨越、平行带电线路情况（含距离等），明确安全风险管控措施并编入施工方案，严格履行审批手续。作业实施时必须严格按照审批后的施工方案进行。

（2）架线前，工作负责人（作业负责人）、施工监理及相关管理人员要逐基检查放线施工段内的杆塔与接地装置连接情况，并确认接地装置符合设计要求。

（3）张力放线时，牵引设备和张力设备应可靠接地。操作人员应站在干燥的绝缘垫上且不得与未站在绝缘垫上的人员接触。牵引机及张力机出线端的牵引绳及导线上应安装接地滑车。跨越不停电线路时，跨越档两端的导线应接地。还应根据平行电力线路情况，采取专项接地措施。

（4）紧线时，紧线段内的接地装置应完整并接触良好。

第71条　耐张塔挂线前，未使用导体将耐张绝缘子串短接

📝 **释义**

略。

🔔 **违章举例**（见图3-46）

图 3-46　放线区段有平行输电线路，紧线、开断前绝缘子串未采取短接措施

🔑 **预控措施**

（1）耐张塔挂线前，应用导体（铝丝等）将耐张绝缘子串短接。可采取在绝缘子串吊装前即完成用导体短接的方式。

（2）作业结束后，作业人员应将短接导体取下，避免输电线路送电失败。

第72条 在易燃易爆或禁火区域携带火种、使用明火、吸烟；未采取防火等安全措施在易燃物品上方进行焊接，下方无监护人

释义

（1）在存有易燃易爆危险化学品（汽油、乙醇、乙炔、液化气体、爆破用雷管等《危险货物品名表》《危险化学品名录》所列易燃易爆品）的区域和地方政府划定的森林草原防火区及森林草原防火期，地方政府划定的禁火区及禁火期、含油设备周边等禁火区域携带火种、使用明火、吸烟或动火作业。

（2）在易燃物品上方进行焊接，未采取防火隔离、防护等安全措施，下方无监护人。

违章举例（见图 3-47、图 3-48）

图 3-47 运行人员在主变压器等含油设备室内抽烟　　图 3-48 在电气设备上进行焊接作业，未采取防火措施，无人监护

预控措施

（1）设备设施运维管理单位应规范易燃易爆危险化学品管理，建立易燃易爆危险化学品（汽油、乙醇、乙炔、液化气体、爆破用雷管等《危险货物品名表》《危险化学品名录》所列易燃易爆品）台账，划定易燃易爆危险化学品存放、管控区域，完善管理制度。及时关注和掌握地方政府划定的森林草原防火区及森林草原防火期、地方政府划定的禁火区及禁火期、含油设备周边等禁火

区域，教育、要求相关人员在禁火防火期内进入禁火防火区时，不得携带火种、使用明火、吸烟或动火作业。

（2）不得在储存或加工易燃、易爆物品的场所周围10m范围内进行焊接或切割作业。如需焊接或切割必须执行动火工作制度。焊接、切割作业只能在无火灾隐患的条件下实施。

（3）在高处进行焊割作业时，应把动火点下部的易燃易爆物移至安全地点，或采取可靠的隔离、防护措施。作业结束后，应检查是否留有火种，确认合格后方可离开现场。

（4）林区、草地施工现场不得吸烟及使用明火。

第73条　动火作业前，未将盛有或盛过易燃易爆等化学危险物品的容器、设备、管道等生产、储存装置与生产系统隔离，未清洗置换，未检测可燃气体（蒸气）含量，含量不合格即动火作业

📝 **释义**

（1）动火作业前，未将盛有或盛过易燃易爆等化学危险物品（汽油、乙醇、乙炔、液化气体等《危险货物品名表》《危险化学品名录》所列化学危险物品）的容器、设备、管道等生产、储存装置与生产系统隔离，未清洗置换。

（2）动火作业前，未检测盛有或盛过易燃易爆等化学危险物品的容器、设备、管道等生产、储存装置的可燃气体（蒸气）含量。

（3）可燃气体（蒸气）含量高于《国家电网有限公司有限空间作业安全工作规定》附表6-3中常用可燃气体或蒸气爆炸下限。

🔔 **违章举例**（见图3-49、图3-50）

图3-49　压力管道、容器未泄压即开展动火作业　　　　图3-50　在有限空间内动火作业前未检测可燃气体含量

🔑 **预控措施**

（1）严格执行国家电网有限公司各专业安全工作规程中动火作业相关规定。

（2）凡盛有或盛过易燃易爆等化学危险品的容器、设备、管道等生产、储

存装置，在动火作业前应将其与生产系统彻底隔离，并进行清洗置换。

（3）动火作业前，应对盛有或盛过易燃易爆等化学危险物品的容器、设备、管道等生产、储存装置的可燃气体（蒸气）含量进行检测，可燃气体（蒸气）含量不高于《国家电网有限公司有限空间作业安全工作规定》附表6-3中常用可燃气体或蒸气爆炸下限，并经分析合格后，方可动火作业。

第74条 动火作业前，未清除现场及周围的易燃物品

✍ 释义

动火作业前，未清除动火现场及周围（电网作业现场不得在易燃易爆物品周围 10m 内焊接或切割；水电作业不得在易燃易爆物品周围 5m 进行焊接；水电油漆作业现场 10m 内不得进行明火作业）的汽油、乙醇、乙炔、液化气体、爆破用雷管等《危险货物品名表》《危险化学品名录》所列易燃物品。

🔔 违章举例（见图 3-51、图 3-52）

图 3-51 乙炔气瓶与动火作业点距离不足 10m

图 3-52 动火作业前，未清除周围的易燃物品

🔑 预控措施

（1）严格执行国家电网有限公司各专业安全工作规程中动火作业相关规定。

（2）不得在储存或加工易燃、易爆物品的场所周围 10m 范围内进行焊接或切割作业。如需焊接或切割必须执行动火工作制度。

（3）动火作业应有专人监护，动火作业前应清除动火现场、周围及上、下方的易燃物品，或采取其他有效的安全防火措施，配备足够、适用、有效的消防器材。

（4）喷漆工作的作业场地禁止存放易燃、易爆物品，工作场地禁止吸烟，喷漆间应备有消防用具。油漆作业现场 10m 以内不准进行焊接、切割等明火作业。特殊需要时，应做好安全措施。

（5）禁止在储有易燃易爆物品的房间内进行焊接。在易燃易爆材料附近进行焊接时，其最小水平距离不得小于 5m，并根据现场情况，采取安全可靠措施（用围屏或阻燃材料遮盖）。

（6）储存气瓶仓库周围 10m 距离内禁止吸烟，不准堆置可燃物，不准进行锻造、焊接等明火作业，也不准吸烟。

第75条 生产和施工场所未按规定配备合规的消防器材

📝 **释义**

调度室、变压器等充油设备、电缆间及电缆通道、开关室、电容器室、控制室、集控室、计算机房、数据中心机房、通信机房、换流站阀厅、电子设备间、蓄电池室（铅酸）、档案室、油处理室、易燃易爆物品存放场所、森林防火区以及各单位认定的其他生产和施工场所未按《电力设备典型消防规程》《建筑灭火器配置设计规范》等要求配备消防器材或配备不合格的消防器材。

🔔 **违章举例**（见图 3-53~ 图 3-56）

图 3-53 变电站内进行动火作业未配置灭火器

图 3-54 主控室未按要求配备灭火器材

图 3-55 配备的灭火器压力降低到 0，不合格

图 3-56 配备的灭火器超期未检

🔑 **预控措施**

（1）严格落实消防管理制度和工作要求，建立生产及施工场所、重点防火部位、设备设施消防管理台账（含消防器材配置台账），加强消防器材、设施购置配置、巡视检查、报废更新等管理。

（2）电气设备附近应配备适用于扑灭电气火灾的消防器材。干燥变压器现场不得放置易燃物品，应配备足够的消防器材。施工现场、材料站、易燃物品存放地、仓库及重要机械设备、配电箱旁、生活和办公区等应配置相应的消防器材。工程用火、生活用火区等应按规定配备消防器材。储油和油处理现场应配备足够、可靠的消防器材，应制订明确的消防责任制，10m 范围内不得有火种及易燃易爆物品。

（3）消防设施应有防雨、防冻措施，并定期进行检查、试验，确保有效；砂桶（箱、袋）、斧、锹、钩子等消防器材应放置在明显、易取处，不得任意移动或遮盖，不得挪作他用。

（4）需要动火的施工作业前，应增设相应类型及数量的消防器材。在林区、牧区施工，应遵守当地的防火规定，并配备必要的消防器材。

第76条　作业现场违规存放民用爆炸物品

📝 释义

（1）作业现场临时存放的爆破器材超过公安机关审批同意的数量或当天所需要的种类和当班爆破作业用量。

（2）作业现场民用爆炸物品临时存放点安全保卫措施不符合《民用爆炸物品安全管理条例》《爆破安全规程》《国家电网有限公司民用爆炸物品安全管理工作规范》等规定要求。

🔔 违章举例（见图 3-57）

图 3-57　作业现场违规放置酒精等民用爆炸物品

🔑 预控措施

（1）加强对涉爆人员管理和安全教育，增强安全意识。定期开展培训，遵守涉爆安全操作规程。加强对出入库的爆破物品管理，做到账物相符、账目清楚、日清月结。严格领用程序，遵守爆破物品发放、退库制度。加强监督检查，确保管理到位。

（2）严格按照所在地县级及以上人民政府公安机关审批、备案的数量配置、存储爆破器材、物品。作业现场临时存放的爆破器材不应超过公安机关审批同意的数量，作业当天所需爆破器材和物品的种类及用量符合规定、安全要求和作业计划实际需要。

（3）严格按照存储制度存放爆破器材、物品。作业现场民用爆炸物品临时存放点安全保卫措施应符合《民用爆炸物品安全管理条例》《爆破安全规程》《国家电网有限公司民用爆炸物品安全管理工作规范》等规定要求。

第77条　擅自倾倒、堆放、丢弃或遗撒危险化学品

📝 **释义**

（1）未对危险化学品废弃物进行无害化处理。

（2）未采取防扬散、防流失、防渗漏或者其他防止污染环境的措施。

（3）擅自倾倒、堆放、丢弃或遗撒危险化学品。

🔔 **违章举例**（见图 3-58、图 3-59）

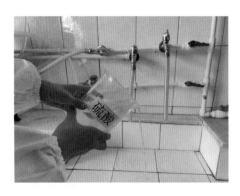

图 3-58　硫酸随意倾倒

图 3-59　SF_6 气体检测后，直接将多余 SF_6 气体排放至空气

🔑 **预控措施**

（1）危险化学品单位应落实危险化学品安全管理要求，按照"来源可溯、去向可循、状态可控"的原则，常态建立危险化学品安全档案、台账并定期进行更新、完善，及时掌握危险化学品储存、运输、使用、废弃处置等各环节状态信息，实现对危险化学品的全过程安全管控。

（2）产生危险化学品废弃物的单位，必须按照"谁产生，谁处置"原则，依据相关规定，对危险化学品废弃物进行无害化处理，并采取防扬散、防流失、防渗漏或其他防止污染环境的措施，不得擅自倾倒、堆放、丢弃或遗撒。

（3）产生危险化学品废弃物的单位，应采用先进的生产工艺和设备，减少危险化学品废弃物产生量，降低危险化学品废弃物的危害性。

（4）危险化学品废弃物应定点分类存放，储存时间不得超过一年，确需延长期限的，必须报经原批准经营许可证的环境保护行政主管部门批准，法律、

行政法规另有规定的除外。用于收集、储存、处置危险化学品废弃物的设备、设施、场所，应符合国家环境保护标准，责任单位应加强管理和维护，保证其正常运行和使用。

（5）不具备危险化学品废弃处置条件和能力的单位，应委托持有危险废物经营许可证的单位进行收集、储存、处置等工作，禁止将危险化学品废弃物提供或委托给无危险废物经营许可证的单位。

第78条 带负荷断、接引线

📝 释义

（1）非旁路作业时，带负荷断、接引线。

（2）用断、接空载线路的方法使两电源解列或并列。

（3）带电断、接空载线路时，线路后端所有断路器（开关）和隔离开关（刀闸）未全部断开，变压器、电压互感器未全部退出运行。

🔔 违章举例（见图3-60、图3-61）

图3-60 低压隔离开关（刀闸）未拉开，即开展带电断、接引线作业

图3-61 带电搭接引流线，线路后端负荷未断开

🔑 **预控措施**

（1）严格执行带电作业规程、导则和标准化作业指导书，正确使用带电作业操作方法，严格落实带电作业安全规定。

（2）禁止带负荷断、接引线。

（3）禁止用断、接空载线路的方法使两电源解列或并列。

（4）带电断、接空载线路前，确保线路后端所有断路器（开关）和隔离开关（刀闸）全部断开，变压器、电压互感器全部退出运行。

第79条 电力线路设备拆除后，带电部分未处理

📝 **释义**

（1）施工用电线路、电动机械及照明设备拆除后，带电部分未处理。

（2）运行线路设备拆除后，带电部分未处理。

（3）带电作业断开的引线、未接通的预留引线送电前，未采取防止摆动的措施或与周围接地构件、不同相带电体安全距离不足。

🔔 **违章举例**（见图 3-62~ 图 3-64 ）

图 3-62 施工用电拆除　　图 3-63 10kV 线路上设备拆除后，带电部分未处理的预留引线送电前，未采取防止摆动的措施

图 3-64 未接通的预留引线送电前，未采取防止摆动的措施，带电部分未处理

🔑 **预控措施**

（1）施工用电线路、电动机械及照明设备拆除后，不得留有可能带电的部分。如必须保留，应在切断电源后，将电线端头内包高压绝缘带，外包三层绝缘包布，并将其固定在 2.5m 以上的地方。

（2）运行线路设备拆除后，应立即对拆除处外露的带电部分进行电气安全防护。

（3）带电作业断开的引线、未接通的预留引线送电前，应确保引线长度适当，与周围接地构件、不同相带电体应有足够安全距离，连接应牢固可靠。断、接时应有防止引线摆动的措施。

第80条 在互感器二次回路上工作，未采取防止电流互感器二次回路开路，电压互感器二次回路短路的措施

✏️ 释义

（1）短路电流互感器二次绕组时，短路片或短路线连接不牢固，或用导线缠绕。

（2）在带电的电压互感器二次回路上工作时，螺丝刀未用胶布缠绕。

🔔 违章举例（见图 3-65、图 3-66）

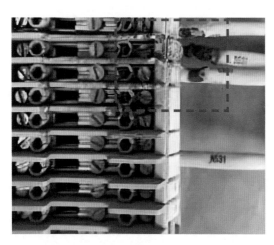

图 3-65　在互感器二次回路上工作，未做好防护措施

图 3-66　在带电的电压互感器二次回路上工作时，螺丝刀未用胶布缠绕

🔑 预控措施

（1）在电流互感器与短路端子之间导线上进行任何工作，应制订严格的安全措施。

（2）严格执行"二次工作安全措施票"，严禁将运行中的电流互感器二次侧开路（光电流互感器除外）。

（3）短路电流互感器二次绕组，应使用短路片或短路线，禁止使用导线缠绕。

（4）在带电的电压互感器二次回路上工作时，手部不得佩戴金属饰品等导电物件，使用的工具应采取绝缘防护措施，严防电压回路短路或接地。

（5）二次回路改造后，应认真核对图纸，及时拆除寄生回路。

第 81 条　起重作业无专人指挥

✍ **释义**

以下起重作业无专人指挥:

(1)被吊重量达到起重作业额定起重量的 80%。

(2)两台及以上起重机械联合作业。

(3)起吊精密物件、不易吊装的大件或在复杂场所(人员密集区、场地受限或存在障碍物)进行大件吊装。

(4)起重机械在临近带电区域作业。

(5)易燃易爆品必须起吊时。

(6)起重机械设备自身的安装、拆卸。

(7)新型起重机械首次在工程上应用。

🔔 **违章举例**(见图 3-67、图 3-68)

图 3-67　在带电设备附近进行起重作业，　　图 3-68　起吊作业未设专人指挥
无专人指挥

🔑 **预控措施**

(1)较为复杂的、危险性较大的起重作业应设专人指挥且进场前对指挥人员相关资质进行核实，确保其持证(文)上岗。

(2)应对指挥人员进行安全教育和业务培训，并经考试合格。加强安全交底，确保指挥人员熟知相关规程规定要求，熟悉起重机械性能，充分掌握施工方案及危险点预控措施。

（3）指挥人员应站在操作人员能看清指挥信号的安全位置，正确使用标准指挥信号，指挥信号必须清晰、正确。

（4）建设管理单位、监理单位、施工单位应严格按照到岗到位管理要求对相关起重作业开展现场监督，否则不得施工。

第82条 高压业扩现场勘察未进行客户双签发；业扩报装设备未经验收，擅自接火送电

释义

（1）高压业扩现场勘察，作业单位和客户未在现场勘察记录中签名。

（2）未经供电单位验收合格的客户受电工程擅自接（送）电。

（3）未严格履行客户设备送电程序擅自投运或带电。

违章举例（见图3-69~图3-71）

区供电中心现场勘察单

线路名称：10kV 东奥乙线

业扩勘察内容：
1. 停电范围
2. 应检查及拉开的开关
3. 应挂接地线位置
4. 临近保留带电部位

业扩勘察结果：
1.10kV 东奥乙线长虹分 2 号 (506726) 至末端（包括分支线）。
2. 拉开 10kV 东奥乙线长虹分 2 (506726) 开关。
3. 在 10kV 东奥乙线长虹分 8 号小号侧装设 10kV 换地线 1 组。
4.10kV 东奥乙线长虹分 2 柱上开关电源及以上 10kV 线路带电。

勘察人员：	时间：2022/9/8
客户：	

图3-69 高压业扩现场勘察，作业单位和客户未在现场勘察记录中签名

图 3-70　未经供电单位验收合格的客户受电工程擅自接（送）电

图 3-71　未严格履行客户设备送电程序擅自投运或带电

🔑 预控措施

（1）严格执行现场勘察"双签发"相关规定，作业单位应向客户详尽说明作业内容和安全要求等，在客户的配合下，全面了解现场作业需要停电的范围、保留的带电部位、装设接地线的位置、邻近线路、多电源、自备电源、地下管线设施和作业现场的条件、环境及其他影响作业的危险点，准确评估安全风险并制订针对性的安全措施。

（2）根据勘察结果认真填写工作票或现场作业工作卡，严格根据工作票（工作卡）核查现场停电、接地、围栏、标示牌等安全措施是否执行到位，安全措施不完善者不得开展作业。人员在作业前必须对相关的电气设备进行验电。

（3）强化业扩报装安全管理，严格执行设备验收、投运（带电）等相关规定。

第83条 未按规定开展现场勘察或未留存勘察记录；工作票（作业票）签发人和工作负责人均未参加现场勘察

释义

（1）《国家电网有限公司作业安全风险管控工作规定》附录5"需要现场勘察的典型作业项目"（详见附件4）未组织现场勘察或未留存勘察记录。

（2）输变电工程三级及以上风险作业前，未开展作业风险现场复测或未留存勘察记录。

（3）工作票（作业票）签发人、工作负责人均未参加现场勘察。

（4）现场勘察记录缺少与作业相关的临近带电体、交叉跨越、周边环境、地形地貌、土质、临边等安全风险。

违章举例（见图3-72、图3-73）

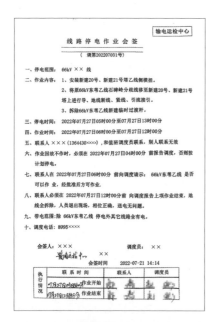

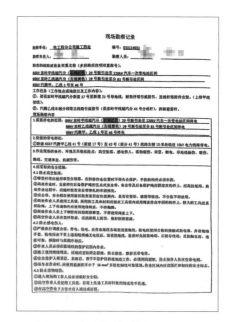

图3-72 现场检查只有工作票和会签单而无现场勘察记录

图3-73 现场勘察记录缺少临近10kV线路保护措施

🔑 **预控措施**

（1）应根据作业类型、作业内容等，按照相关规定组织开展现场勘察、危险因素识别等工作。

（2）按规定认真组织生产现场勘察，全面掌握现场作业需要停电的范围、保留的带电部位、装设接地线的位置、邻近线路、多电源、自备电源、地下管线设施和作业现场的条件、环境及其他影响作业的危险点。准确评估安全风险并制订有针对性的安全措施和注意事项，为工作票（作业票）填写、施工方案编制等提供准确依据。

（3）在输变电工程三级及以上风险作业前，应组织开展初勘察和复测。重点关注作业现场地形、地貌、土质、气候、交通、周边环境、临边、临近带电体或跨越等情况，初步确定现场施工布置形式、可采用的施工方法、危险点防控措施等，做好并留存勘察记录。

（4）工作负责人、工作票签发人至少应有一人参加现场勘察，对需要现场勘察的典型作业项目，应由工作负责人或工作票签发人亲自组织，设备运维管理单位和作业单位相关人员参加。

第84条　脚手架、跨越架未经验收合格即投入使用

📝 释义

　　脚手架、跨越架搭设后未经使用单位（施工项目部）、监理单位验收合格，未挂验收牌，即投入使用。

🔔 违章举例（见图 3-74）

图 3-74　跨越架未验收、未挂验收合格牌即投入使用

🔑 预控措施

　　（1）脚手架、跨越架搭设应由具有相应资质的单位（队伍）实施。外来单位参与作业的人员进入公司系统的设备场所应经安全准入，在作业中要严格执行公司相关规程规定要求和现场安全措施。

　　（2）使用单位（施工项目部）、监理单位应按规定对架设完成的脚手架、跨越架及其附属设施（脚手板、拉线、防雷接地措施、警示标志等）进行验收，验收合格装设验收牌后，方可投入使用。验收牌应符合相关规程标准。

　　（3）定期对脚手架、跨越架开展检查，特别是在大风暴雨或寒冷地区开冻后以及停用超过一个月时，应经检查合格后方可恢复使用。

第 85 条　对"超过一定规模的危险性较大的分部分项工程"（含大修、技改等项目），未组织编制专项施工方案（含安全技术措施），未按规定论证、审核、审批、交底及现场监督实施

📝 **释义**

（1）超过一定规模的危险性较大的分部分项工程，未按规定编制专项施工方案（含安全技术措施）。

（2）专项施工方案（含安全技术措施）未按规定组织专家论证；建设单位项目负责人、监理单位项目总监理工程师、总承包单位和分包单位技术负责人或授权委派的专业技术人员未参加专家论证会。

（3）专项施工方案（含安全技术措施）未按以下规定履行审核程序：

1）重大（一级）作业风险管控措施应由地市级供电公司分管领导组织审核，工程施工作业由建设管理单位专业管理部门组织审核。

2）较大（二、三级）作业风险管控措施应由地市级供电公司专业管理部门组织审核，工程施工作业由业主（监理）项目部审核。

3）作业单位（施工项目部）未组织专项施工方案（含安全技术措施）现场交底，未指定专人现场监督实施。

🔔 **违章举例**（见图 3-75~ 图 3-78）

图 3-75　一般施工方案代替专项施工方案

图 3-76　超过一定规模专项施工方案中专家论证未签字

图 3-77 专项施工方
案报审表里缺业主签字

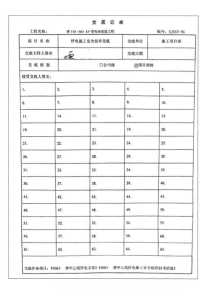

图 3-78 施工单位未组
织施工安全技术交底

🔑 预控措施

（1）按照《住房城乡建设部办公厅关于实施〈危险性较大的分部分项工程安全管理规定〉有关问题的通知》中"工程项目超过一定规模的危险性较大的分部分项工程范围"，确定工程是否符合"超过一定规模的危险性较大的分部分项工程"标准，如果符合，应按规定编制专项施工方案（含安全技术措施）。

（2）按照工程项目类别，在专家库中选取相关专家，组织召开专家论证会，对专项施工方案（含安全技术措施）开展论证、审查。建设单位项目负责人、监理单位项目总监理工程师、总承包单位和分包单位技术负责人或授权委派的专业技术人员应参加专家论证会并做好痕迹管理。施工单位应按照审查意见进行修改完善，经审批后由施工单位指定专人现场监督实施。

（3）专项施工方案（含安全技术措施）应根据作业风险等级（重大或较大），分别由地市级供电公司分管领导（建设管理单位专业管理部门）组织审核，或地市级供电公司专业管理部门［业主（监理）项目部］组织审核。

（4）全体作业人员应参加专项施工方案交底，并按规定在交底书上签字确认。施工过程如需变更施工方案，应经措施审批人同意，监理项目部审核，确认后重新组织交底。

第86条 三级及以上风险作业管理人员（含监理人员）未到岗到位进行管控

释义

（1）一级风险作业，相关地市供电公司级单位或建设管理单位副总工程师及以上领导未到岗到位；省电力公司级单位专业管理部门未到岗到位。

（2）二、三级风险作业，相关地市供电公司级单位或建设管理单位专业管理部门负责人或管理人员、县供电公司级单位负责人未到岗到位。

（3）三级风险作业，监理未全程旁站；二级及以上风险作业，项目总监或安全监理未全程旁站。

违章举例（见图3-79、图3-80）

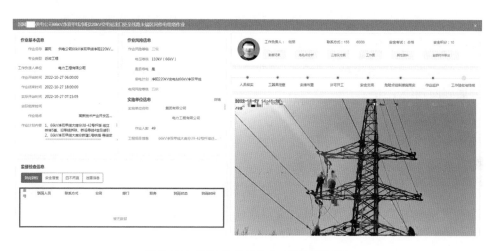

图3-79 三级作业风险未安排到岗到位

图 3-80　二级风险作业，项目总监或安全监理未全程旁站

🔑 **预控措施**

（1）各级单位、建设管理单位相关领导、保证体系部门、监理单位应严格按照《国家电网有限公司关于规范领导干部和管理人员生产现场到岗到位工作的指导意见》《国家电网有限公司输变电工程建设安全管理规定》等文件标准，开展到岗到位工作。

（2）到岗人员应按"分层分级"原则，切实履行到位要求，到现场、到一线，掌握安全生产实情，解决安全生产问题，督导检查工作组织、作业秩序、安全措施、风险管控等工作开展情况，严肃查处违章现象，防范安全生产风险。

（3）各级安全督查队伍、安全督查中心应充分利用现场、远程督查方式，检查现场相关领导、管理人员、监理人员等到岗到位情况，督促各级人员安全履职。

第 87 条　电力监控系统作业过程中，未经授权，接入非专用调试设备，或调试计算机接入外网

📝 释义

（1）电力监控系统作业开始前，未对作业人员进行身份鉴别和授权。

（2）电力监控系统上工作未使用专用的调试计算机及移动存储介质。

（3）调试计算机未与外网隔断、接入外网。

🔔 违章举例（见图 3-81、图 3-82）

图 3-81　电力监控系统上工作　　　　图 3-82　调试计算机违规接入外网
　　未使用专用的移动存储介质

🔑 预控措施

（1）电力监控系统作业应按规定填用工作票，并设专人监护。全部工作人员应经通信专业归口部门审核授权，并经安全风险管控监督平台安全准入后，方可参加作业。

（2）作业中应使用专用调试终端（不含微信、QQ、浏览器及杀毒软件等可能引起访问外网的软件和程序，并经安全加固），严禁使用远程方式操作电脑，专用笔记本严禁连接外部互联网，严禁私自外接设备和移动存储介质。使用专用调试移动存储介质接入前务必确保无恶意代码，避免设备遭到感染。

（3）在调试设备接入前，应向相应调度网络安全值班人员报备，待确认操作审批通过且完成临时安全措施后方可操作，作业范围仅限于申请内容，不得擅自扩大作业范围，如有特殊紧急情况需临时申请。如影响"四遥"数据上送的作业，应在影响开始前向省调自动化值班员电话请示，待值班员做好数据封锁等安全措施并批准后方可进行。作业后及时通知调度网安值班员、自动化值班员解除相应措施。

（4）其他厂站现场安全措施由现场人员负责把控（如严格审核接触涉网设备的人员身份和规范运维人员操作行为等）。

第89条　劳务分包单位自备施工机械设备或安全工器具

📝 **释义**

（1）劳务分包单位自备施工机械设备或安全工器具。

（2）施工机械设备、安全工器具的采购、租赁或送检单位为劳务分包单位。

（3）合同约定由劳务分包单位提供施工机械设备或安全工器具。

🔔 **违章举例**（见图 3-83、图 3-84）

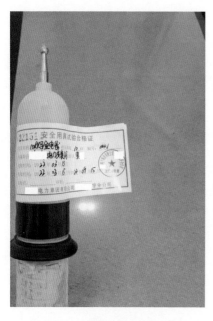

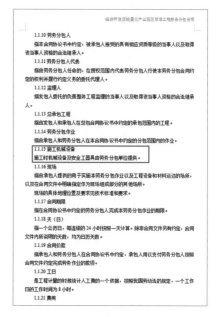

图 3-83　现场使用验电器为劳务分包人员自带安全工器具

图 3-84　合同约定由劳务分包单位提供施工机械设备或安全工器具

🔑 **预控措施**

（1）选择劳务分包队伍应优先选择"核心分包商"队伍，促成安全素质高、安全资信良好的队伍参与施工作业。

（2）规范劳务分包施工合同编制和审核管理，特别是关于合同中涉及施工机械、安全工器具等相关内容，要明确由发包方（施工单位）负责。

（3）加强安全工器具、施工机械设备的入场准入检查和作业期间安全检查，严禁劳务分包队伍自带安全工器具、施工机械设备入场作业。

（4）施工机械设备、安全工器具的采购、租赁、送检、使用保管、维护保养及报废等工作由发包方（施工单位）全权负责，劳务分包单位不得参与。

第 90 条　施工方案由劳务分包单位编制

释义

施工方案仅由劳务分包单位或劳务分包单位人员编制。

违章举例（见图 3-85）

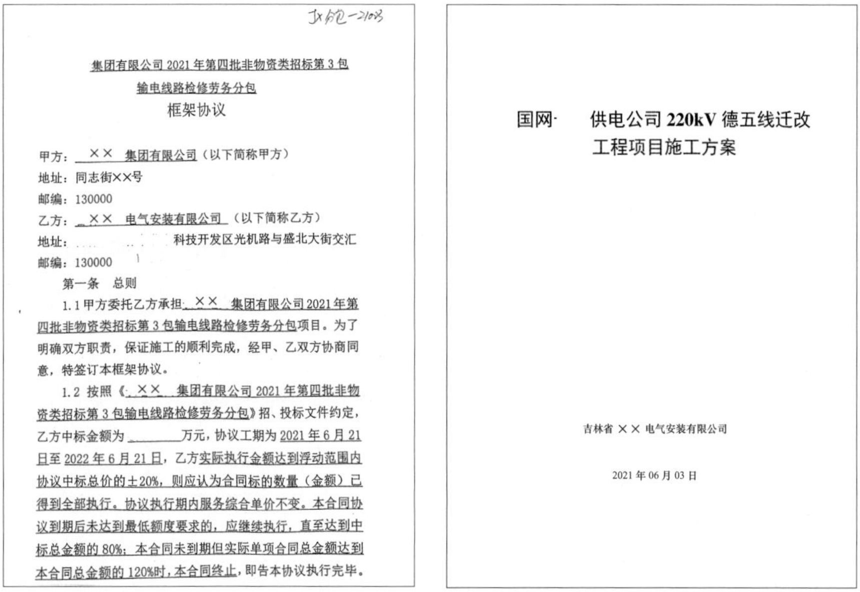

集团有限公司 2021 年第四批非物资类招标第 3 包
输电线路检修劳务分包
框架协议

甲方：××　集团有限公司（以下简称甲方）
地址：同志街××号
邮编：130000
乙方：××　电气安装有限公司（以下简称乙方）
地址：科技开发区光机路与盛北大街交汇
邮编：130000

第一条　总则

1.1 甲方委托乙方承担：××　集团有限公司 2021 年第四批非物资类招标第 3 包输电线路检修劳务分包项目。为了明确双方职责，保证施工的顺利完成，经甲、乙双方协商同意，特签订本框架协议。

1.2 按照《××　集团有限公司 2021 年第四批非物资类招标第 3 包输电线路检修劳务分包》招、投标文件约定，乙方中标金额为＿＿＿＿万元，协议工期为 2021 年 6 月 21 日至 2022 年 6 月 21 日，乙方实际执行金额达到浮动范围内协议中标总价的±20%，则应认为合同标的数量（金额）已得到全部执行。协议执行期内服务综合单价不变。本合同协议到期后未达到最低额度要求的，应继续执行，直至达到中标总金额的 80%；本合同未到期但实际单项合同总金额达到本合同总金额的 120%时，本合同终止，即告本协议执行完毕。

国网·　供电公司 220kV 德五线迁改
工程项目施工方案

吉林省 ×× 电气安装有限公司

2021 年 06 月 03 日

图 3–85　施工方案由劳务分包单位编制

预控措施

（1）严格落实《国家电网有限公司业务外包安全监督管理办法》等相关规定要求，施工方案应由发包方（施工作业单位）组织编写，劳务分包单位及其人员不得独立编写施工方案。

（2）劳务分包人员必须纳入作业层班组管理且均应参加施工方案交底，并履行签字确认手续。

第91条　监理单位、监理项目部、监理人员不履责

📝 释义

（1）监理单位及监理人员未执行《建设工程安全生产管理条例》第十四条规定，现场存在违章应发现而未发现，有违章不制止、不报告、不记录问题。

（2）未按《国家电网有限公司施工项目部标准化管理手册》要求，填报、审查、批准和查阅施工策划文件、开（复）工及施工进度计划、关键管理人员、特种作业人员、特种设备、施工机械、工器具、安全防护用品、工程材料等相关工程文件及报审（检查）记录。

（3）未对以下作业现场进行旁站监理：

1）三级及以上作业风险。

2）用电布设和接火、水上或索道架设、运输，脚手架搭设和拆除，深基坑、高边坡开挖等高风险土建施工、邻电作业。

3）危险性大的立杆组塔、"三跨"作业。

4）危险性大的架线施工、邻电起重、多台同吊、构架及管母等大型设备吊装。

5）变压器、电抗器安装。

6）重要一次设备耐压试验。

7）改扩建工程一、二次设备安装试验。

8）新技术、新工艺、新材料、新装备。

9）尚无相关技术标准的危险性较大的分部分项工程等作业点位。

🔔 **违章举例**（见图 3-86~ 图 3-88）

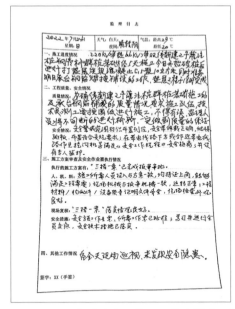

图 3-86　现场安全文明施工不符合要求，监理未发现

图 3-87　监理未审查、批准施工单位上报的施工机械、工器具、安全防护用品

图 3-88　作业现场，监理未对三级及以上风险作业进行旁站监理

🔑 预控措施

（1）监理单位应严格按照法律法规和合同履行相关职责，组建监理项目部，明确岗位及职责，配备相应的监理人员。开展监理人员业务培训，对监理项目部工作进行指导、监督、考核。

（2）监理项目部应重点做好施工项目部报审的相关规划、措施、施工方案以及相关人员资质资格审查等工作。

（3）现场监理人员应严格执行公司相关规定要求，重点做好对施工策划文件、开（复）工及施工进度计划、关键管理人员、特种作业人员、特种设备、施工机械、工器具、安全防护用品、工程材料等相关工程文件及报审（检查）记录的填报、审查、批准和查阅工作。按规定开展旁站监理和安全监督检查，严纠现场违章行为并做好记录。遇有严重危及安全的违章行为和安全隐患应及时叫停现场施工，并立即报告监理项目部。

（4）建设管理单位要对监理单位工作情况做好监督检查。

第92条 监理人员未经安全准入考试并合格，监理项目部关键岗位（总监、总监代表、安全监理、专业监理等）人员不具备相应资格，总监理工程师兼任工程数量超出规定允许数量

释义

（1）监理单位和人员未通过安全风险管控监督平台准入。

（2）监理项目部关键岗位（总监、总监代表、安全监理、专业监理等）人员不具备《国家电网有限公司监理项目部标准化管理手册》规定的相应资格。

（3）总监理工程师兼任多个特高压工程或兼任工程总数超过3个。

（4）总监理工程师兼任2~3个非特高压变电工程或总长未超过50km的非特高压输电线路工程或配电网工程项目部总监，未经建设管理单位书面同意。

违章举例（见图3-89~图3-91）

图3-89　监理人员未通过安全风险管控监督平台准入考试

图3-90　监理人员证书过期，不具备监理资格

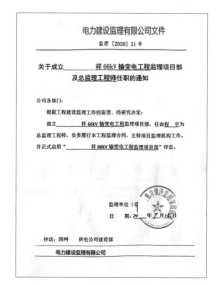
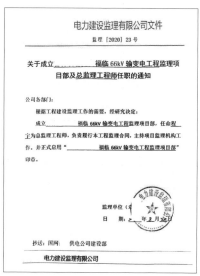
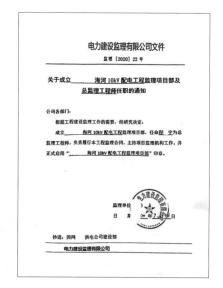

图 3-91　总监理工程师同时兼任 3 个项目总监，但未见建设管理单位书面同意证明

🔑 预控措施

（1）监理单位在进场前，应对所有监理人员严格实施安全准入考试、资格能力审查，坚决防止安全意识不强、安全记录不良、能力不足的人员参建工程项目。工程建设管理单位、项目管理单位应严格落实责任，依托安全风险管控监督平台等信息系统，对监理单位实施安全资信审核、准入、报备管理。

（2）监理项目部关键人员应配备齐全且按《国家电网有限公司监理项目部标准化管理手册》规定的相应资格要求持证上岗，人员资质、岗位培训等应满足规定要求。

（3）监理单位应做好人员调配，派出的总监理工程师不得兼任多个特高压工程或兼任工程总数超过 3 个。

（4）总监理工程师若兼任 2~3 个非特高压变电工程或总长未超过 50km 的非特高压输电线路工程或配电网工程项目部总监理工程师，应报告建设管理单位，并经建设管理单位书面同意。

第93条 安全风险管控监督平台上的作业开工状态与实际不符；作业现场未布设与安全风险管控监督平台作业计划绑定的视频监控设备，或视频监控设备未开机、未拍摄现场作业内容

释义

略。

违章举例（见图3-92~图3-94）

图 3-92 安全风险管控监督平台上作业状态为已完工，实际现场仍在作业

图 3-93　现场布控球画面为办公室，未对准作业现场

图 3-94　现场布控球摆放在车里，未拍摄现场作业内容

🔑 **预控措施**

（1）作业单位应加强安全风险管控监督平台及视频监控设备等应用、使用的业务培训，确保人员熟知、掌握相关规定要求和平台系统及设备的应用技能。

（2）现场作业人员应严格遵守公司《安全督查中心工作规范》相关规定，现场作业开工后应及时在手机 App 上进行开工状态确认，布设好与安全风险管控监督平台作业计划绑定的视频监控设备，并确认设备开机状态。

（3）现场作业人员应在开工后，将视频监控设备朝向作业主要内容实施地点，或人员较为集中、风险较高的作业地点，同时要避免光线、视角等影响，保证视频传输质量。

第 94 条　应拉断路器（开关）、应拉隔离开关（刀闸）、应拉熔断器、应合接地刀闸、作业现场装设的工作接地线未在工作票上准确登录；工作接地线未按票面要求准确登录安装位置、编号、挂拆时间等信息

释义

（1）工作票中应拉断路器（开关）、应拉隔离开关（刀闸）、应拉熔断器、应合接地刀闸、应装设的接地线未在工作票上准确登录。

（2）作业现场装设的工作接地线未全部列入工作票，未按票面要求准确登录安装位置、编号、挂拆时间等信息。

违章举例（见图 3-95）

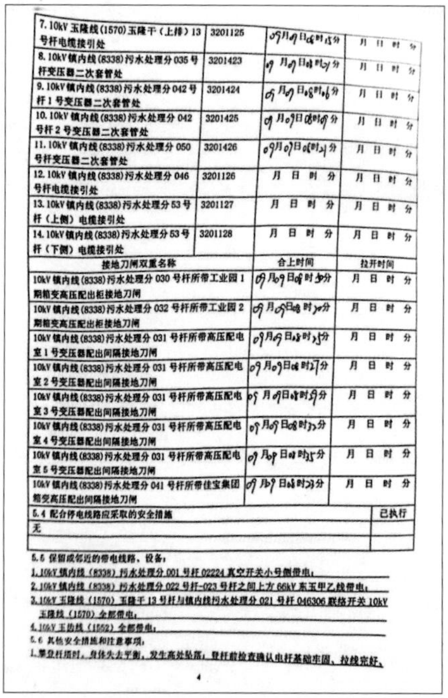

7. 10kV 玉隆线(1570)玉隆干（上排）13 号杆电缆接引处	3201125	09月09日08时15分	月 日 时 分
8. 10kV 镇内线(8338)污水处理分 035 号杆变压器二次套管处	3201423	09月09日08时21分	月 日 时 分
9. 10kV 镇内线(8338)污水处理分 042 号杆 1 号变压器二次套管处	3201424	09月09日08时16分	月 日 时 分
10. 10kV 镇内线(8338)污水处理分 042 号杆 2 号变压器二次套管处	3201425	09月09日08时09分	月 日 时 分
11. 10kV 镇内线(8338)污水处理分 050 号杆变压器二次套管处	3201426	09月09日08时21分	月 日 时 分
12. 10kV 镇内线(8338)污水处理分 046 号杆电缆接引处	3201126	月 日 时 分	月 日 时 分
13. 10kV 镇内线(8338)污水处理分 53 号杆（上侧）电缆接引处	3201127	月 日 时 分	月 日 时 分
14. 10kV 镇内线(8338)污水处理分 53 号杆（下侧）电缆接引处	3201128	月 日 时 分	月 日 时 分

接地刀闸双重名称	合上时间	拉开时间
10kV 镇内线(8338)污水处理分 030 号杆所带工业园 1 期箱变高压配出柜接地刀闸	09月09日08时30分	月 日 时 分
10kV 镇内线(8338)污水处理分 032 号杆所带工业园 2 期箱变高压配出柜接地刀闸	09月09日08时20分	月 日 时 分
10kV 镇内线(8338)污水处理分 031 号杆所带高压配电室 1 号变压器配出间隔接地刀闸	09月09日08时25分	月 日 时 分
10kV 镇内线(8338)污水处理分 031 号杆所带高压配电室 2 号变压器配出间隔接地刀闸	09月09日08时27分	月 日 时 分
10kV 镇内线(8338)污水处理分 031 号杆所带高压配电室 3 号变压器配出间隔接地刀闸	09月09日08时29分	月 日 时 分
10kV 镇内线(8338)污水处理分 031 号杆所带高压配电室 4 号变压器配出间隔接地刀闸	09月09日08时33分	月 日 时 分
10kV 镇内线(8338)污水处理分 031 号杆所带高压配电室 5 号变压器配出间隔接地刀闸	09月09日08时35分	月 日 时 分
10kV 镇内线(8338)污水处理分 041 号杆所带佳宝集团箱变高压配出间隔接地刀闸	09月09日08时23分	月 日 时 分

5.4 配合停电线路应采取的安全措施	已执行
无	

5.5 保留或邻近的带电线路、设备：

1.10kV 镇内线（8338）污水处理分 001 号杆 02224 真空开关小号侧带电；

2.10kV 镇内线（8338）污水处理分 022 号杆–023 号杆之间上方 66kV 东玉甲乙线带电；

3.10kV 玉隆线（1570）玉隆干 13 号杆与镇内线污水处理分 021 号杆 046306 联络开关 10kV 玉隆线（1570）全部带电；

4.10kV 玉昉线（1552）全部带电；

5.6 其他安全措施和注意事项：

1.攀登杆塔时，身体失去平衡，发生高处坠落；登杆前检查确认电杆基础牢固、拉线完好，

4

图 3-95　应装设的接地线未在工作票上准确登录、未按票面要求准确登录接地线拆除时间

🔑 **预控措施**

（1）严格执行现场安全组织、技术措施，应拉断路器（开关）、应拉隔离开关（刀闸）、应拉熔断器、应合接地刀闸、应装设的接地线应在工作票上准确登录。

（2）在作业现场，由工作班人员装设的全部工作接地线应列入工作票，并按票面要求准确登录安装位置、编号、挂拆时间等信息（个人保安线应在工作票的相应位置注明）。

（3）安全保证体系部门和安全监督部门应加强对工作票填用情况的检查督导，特别要把好工作票的编制审核关，严防工作票出现关键性错误，以致影响作业的安全性。

第95条　高压带电作业未穿戴绝缘手套等绝缘防护用具；高压带电断、接引线或带电断、接空载线路时未戴护目镜

📝 **释义**

（1）作业人员开展配电带电作业未穿着绝缘服或绝缘披肩、绝缘袖套、绝缘手套、绝缘安全帽等绝缘防护用具。

（2）高压带电断、接引线或带电断、接空载线路作业时未戴护目镜。

🔔 **违章举例**（见图 3-96、图 3-97）

图 3-96　带电作业没有正确佩戴绝缘安全帽　　图 3-97　带电断、接引线未佩戴护目镜

🔑 **预控措施**

（1）在配电带电作业的全过程，即自进入作业装置前至离开作业位置后的过程中，作业人员应穿着绝缘服或绝缘披肩、绝缘袖套、绝缘手套、绝缘安全帽等绝缘防护用具。

（2）高压带电断、接引线或带电断、接空载线路作业时应做好防控高压弧光（电火花）的措施（如使用绝缘分流线或旁路电缆等），作业人员应佩戴护目镜。

（3）现场工作负责人、专责监护人应认真履职，不间断地监护作业人员，及时制止违章行为。

第96条 汽车式起重机作业前未支好全部支腿；支腿未按规程要求加垫木

📝 **释义**

（1）汽车式起重机作业过程中未支好全部支腿，支腿未加垫木，垫木不符合要求。

（2）起重机车轮、支腿或履带的前端、外侧与沟、坑边缘的距离小于沟、坑深度的 1.2 倍时，未采取防倾倒、防坍塌措施。

🔔 **违章举例**（见图 3-98~ 图 3-100 ）

图 3-98 起重机支腿未支出　　图 3-99 吊车支腿距离坑边距离小于坑深
的 1.2 倍时未采取防倾倒、防塌方措施

图 3-100 起重机支腿未全部支出且未加垫木

🔑 **预控措施**

（1）按规定开展起重机进场准入检查，确保支腿伸缩灵活，无漏油现象；垫板、垫木符合要求。

（2）起重机操作人员在吊装作业前，应先将起重机全部支腿伸出并伸展到位、支平垫稳。遇作业现场地面不平整、不坚实时，应组织平整地面，并采取枕木、钢板铺垫支腿分散压强的措施。作业中禁止扳动支腿操纵阀，调整支腿应在无载荷时进行且应将起重臂转至正前或正后方位。专责监护人、起重机指挥人员应对操作人员的吊装作业准备情况进行检查和指导。

（3）在涉及吊装的作业开展前，要认真开展现场勘察（工程类包括初勘和复勘）且应有具备起重指挥或起重操作资质人员参加（宜是直接参与作业的起重操作或指挥人员）。根据现场环境和作业条件，确定起重机行进路线和作业位置，特别要注意在起重机行驶时或进入作业位置后，车轮、支腿或履带的前端、外侧与邻近沟、坑边缘之间的距离，应符合相关规定要求。

（4）起重机停放或行驶时，其车轮、支腿或履带的前端或外侧与沟、坑边缘的距离不准小于沟、坑深度的1.2倍；否则应采取防倾、防坍塌措施（如布设钢板、对沟坑边坡进行加固等）。

第97条　链条葫芦、手扳葫芦、吊钩式滑车等装置的吊钩和起重作业使用的吊钩无防止脱钩的保险装置

📝 **释义**

（1）链条葫芦、手扳葫芦吊钩无封口部件。

（2）吊钩式起重滑车无防止脱钩的钩口闭锁装置。

（3）起重作业使用的吊钩无防止脱钩的保险装置。

🔔 **违章举例**（见图 3-101 ~图 3-103）

图 3-101　手扳葫芦吊钩无防止脱钩的封口部件

图 3-102　吊钩式起重滑车无防止脱钩的钩口闭锁装置

图 3-103　起重作业使用的吊钩无防止脱钩的保险装置

🔑 **预控措施**

（1）施工项目部应配备施工机械机具管理人员，落实施工机械机具安全管理责任。管理人员应做好施工机具入场准入检查和日常维护管理工作，严防吊钩无封口部件的链条葫芦、手扳葫芦、挂钩无防止脱钩的钩口闭锁装置的吊钩式起重滑车、无防止脱钩保险装置的起重作业用吊钩流入现场。

（2）作业人员应规范使用施工机具，使用时应遵守相关操作规程规定，不得野蛮施工损坏机具。高处作业时上下传递施工机具时应使用绳索，临时放置施工机具时，应用绳索将其固定在牢固的构件上，以免机具掉落产生损伤。作业中经常性检查施工机具的完好性，遇有不合格的施工机具，应立即停止使用，并将机具上交施工机械机具管理人员。

（3）现场监理人员应做好监督检查，严格查纠各类施工机具相关的装置性违章，确保作业安全实施。

第98条 绞磨、卷扬机放置不稳；锚固不可靠；受力前方有人；拉磨尾绳人员位于锚桩前面或站在绳圈内

📝 **释义**

（1）绞磨、卷扬机未放置在平整、坚实、无障碍物的场地上。

（2）绞磨、卷扬机锚固在树木或外露岩石等承载力大小不明物体上；地锚、拉线设置不满足现场实际受力安全要求。

（3）绞磨、卷扬机受力前方有人。

（4）拉磨尾绳人员位于锚桩前面或站在绳圈内。

🔔 **违章举例**（见图 3-104~ 图 3-106）

图 3-104 绞磨、卷扬机未放置在平整、坚实、无障碍物的场地上

图 3-105 牵引机受力前方有人逗留

图 3-106 绞磨拉线固定在树木上

🔑 预控措施

（1）依据现场勘察、危险点辨识等结果和作业实际情况，制订施工方案（含安全技术措施）。严格按照施工方案要求设置绞磨、卷扬机作业位置和地锚埋设位置。地锚、拉线选用应符合安全作业要求的条件，地锚、拉线应经验收合格后方可投入使用。

（2）绞磨、卷扬机操作人员、拉磨尾绳人员在作业中应集中精神，时刻关注机械运转情况和本人作业位置，确保自身安全。工作负责人（专责监护人）、指挥人员等应严格履职，不间断监护作业人员，及时提醒、制止不安全行为，如有危及安全的违章情况，应立即停止人员作业，纠正并确保安全后方可恢复作业。

（3）拉线的地锚不准固定在车辆、树桩等不牢固的物体上。

第99条 导线高空锚线未设置二道保护措施

✍ **释义**

（1）平衡挂线、导（地）线更换作业过程中，导线高空锚线未设置二道保护措施。

（2）更换绝缘子串和移动导线作业过程中，采用单吊（拉）线装置时，未设置防导线脱落的后备保护措施。

🔔 **违章举例**（见图3-107、图3-108）

图3-107 导线高空锚线未设置二道保护措施　图3-108 更换绝缘子未采取后备保护措施

🔑 **预控措施**

（1）在平衡挂线、导（地）线更换作业过程中，高空导（地）线除了采用卡线器、手扳葫芦等将导（地）线固定于杆塔牢固构件上的保护措施以外，还应使用绞磨、拉线（绳）、滑车等对导（地）线进行锚固，从而形成二道保护措施。

（2）更换绝缘子串和移动导线的作业，如采用单吊（拉）提线方式时（使用手扳葫芦等），应同时利用满足作业强度要求的杆塔横担、钢丝绳套等对导线采取后备保护措施，以防止导线脱落。

（3）作业人员在完成二道保护措施后，应再次检查保护措施安装是否牢靠，导（地）线在承力后是否可能发生损伤等，在确认无误后，方可继续开展工作。监理人员、到岗到位管理人员应加强作业现场技术指导和安全检查，对二道保护措施存在的问题及时指出并督促整改。

第101条 作业现场被查出一般违章后，未通过整改核查擅自恢复作业

✍ 释义

（1）现场被查出一般违章后，未中止作业并按要求立查立改。

（2）违章未通过整改核查即擅自恢复作业。

🔔 违章举例（见图3-109、图3-110）

图3-109 被查出未正确使用安全带，未中止
作业并按要求立查立改

图3-110 现场停工后，未
通过整改核查即擅自恢复作业

🔑 预控措施

（1）现场到岗到位人员、远程或现场安全督查人员等在发现一般违章后，应要求相关违章人（小组或工作班）立即停止作业，完成违章行为立查立改并通过整改核查后方可恢复作业。

（2）各级安全监督部门应监督本单位安全督查人员、各专业安全生产管理人员履职情况，确保现场整改的有效性和及时性，并在风险监督平台中及时闭环。

第102条　领导干部和专业管理人员未履行到岗到位职责，相关人员应到位而不到位、应把关而不把关、到位后现场仍存在严重违章

释义

（1）领导干部和专业管理人员未按以下要求到岗到位：

1）一级风险作业。相关地市供电公司级单位或建设管理单位副总工程师及以上领导应到岗到位，省电力公司级单位专业管理部门应到岗到位。

2）二、三级风险作业。相关地市供电公司级单位或建设管理单位专业管理部门负责人或管理人员、县供电公司级单位负责人应到岗到位。

3）四、五级风险作业。县供电公司级单位专业部门管理人员或相关班组（供电所）负责人应到岗到位。

（2）领导干部和专业管理人员未履责把关，到位后现场仍存在严重违章等情况。

违章举例（见图3-111、图3-112）

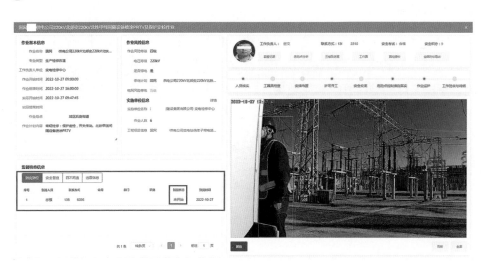

图3-111　到岗到位人员未到岗，未打卡签到

现场到岗到位人员工作记录

作业时间	2022 年 08 月 17 日		
班组	国网 市供电公司 带电作业班		
工作负责人	彭__		
作业内容	10kV示范线路12号杆不停电接头装式熔断器上引线		

检查项目	检查内容	是否合格	
两票三措	1. 是否按要求填写现场勘察单?	是☑	否□
	2. 工作票所列安全措施是否正确完备、符合现场条件?	是☑	否□
	3. 是否按照工作内容编制安全、组织、技术措施,并严格执行?	是☑	否□
	4. 操作票上有关印章是否按要求盖章?	是□	否□
	5. 操作票相关时间记录是否及时准确?	是□	否□
	6. 操作票模拟栏、执行栏是否有漏打"√"?	是□	否□
安全措施	1. 工作票所列安全措施是否全部完成?	是☑	否□
	2. 验电前,验电器是否自检三次?	是☑	否□
	3. 接地前是否验电,接地装置是否符合要求?	是☑	否□
	4. 现场设围栏是否符合要求?	是☑	否□
	5. 标示牌悬挂是否正确?	是☑	否□
机械、机具及安全器具	1. 安全工器具是否有合格证,外观检查是否良好?	是☑	否□
	2. 机械按要求接地?机械设备是否有检验合格证?	是☑	否□
	3. 施工机具是否合格?	是☑	否□
人员	1. 作业人员身体和精神状态是否良好?	是☑	否□
	2. 工作负责人、专责监护人是否全程在现场、履职尽责?	是☑	否□
	3. 作业人员是否有违章行为?	是☑	否□
	4. 特种作业人员是否具备相应资质?	是☑	否□
自查违章	本现场无违章		
收工检查	1. 现场安全措施是否遗漏?	是□	否□
	2. 现场工器具是否遗留?	是□	否□
	3. 作业人员是否安全撤离?	是☑	否□

图 3-112 到岗到位人员履职不到位,未发现存在的严重违章

🔑 **预控措施**

(1)领导干部和专业管理人员应按照相关规定,对相应电网、作业风险等级的现场开展到岗到位监督,切实履行安全责任,掌握安全实情,采取有效措施,解决实际问题,管控作业现场,确保到岗到位实效。

(2)到岗到位人员应重点督导检查现场工作组织、作业秩序、安全措施、风险管控等工作开展情况,严肃查处违章现象,闭环监督违章整改,有效防范安全风险。

第103条　安监部门、安全督查中心、安全督查队伍不履责，未按照分级全覆盖要求开展督查、本级督查后又被上级督察发现严重违章、未对停工现场执行复查或核查

📝 **释义**

（1）安监部门、安全督查中心、安全督查队伍未按照分级全覆盖要求开展督查。

（2）安全督查中心、安全督查队伍开展督查后，同一作业现场又被上级督查发现应发现而未发现的严重违章［详见《国网安监部关于印发严重违章释义的通知》（安监二〔2022〕33号）附件7安全督查中心、队伍未发现严重违章追责清单］。

（3）安全督查中心、安全督查队伍未对停工现场执行复查或核查。

🔔 **违章举例**（见图3-113）

图3-113　安全督查中心、安全督查队伍开展督查后，同一作业现场又被上级督查发现应发现而未发现的严重违章

🔑 **预控措施**

（1）安监部门、安全督查中心、安全督查队伍应对照安全责任清单主动履职，按照"分级管控"原则和"全覆盖"要求，对相应风险等级作业开展督查。

（2）各级安全督查中心、安全督查队伍加强人员业务培训和交流学习，大力提升人员业务水平和督查能力。督查人员应强化履职意识，及时发现、制止

现场违章行为并督促整改。

（3）安全督查中心、安全督查队伍应对因违章叫停的现场，开展违章整改情况复查或核查，整改完成者方可恢复作业。

第104条　作业现场视频监控终端无存储卡或不满足存储要求

📝 **释义**

（1）作业现场视频监控终端无存储卡。

（2）作业现场视频终端存储功能不满足以下要求：

1）存储卡容量不低于256G。

2）具备终端开关机、视频读写等信息记录功能，并能够回传安全风险管控监督平台。

🔔 **违章举例**（见图3-114、图3-115）

图3-114　作业现场视频监控终端无存储卡

图3-115　作业现场视频终端存储卡容量低于256G

🔑 **预控措施**

（1）建立健全作业现场视频监控终端设备管理和日常维护相关的规章制度，建立设备台账，动态掌握监控终端详细信息。

（2）各级单位应设专人管理监控终端及其配套设备，确保满足远程督查工作需求。